Jaane Seehusen

# Schwingungsdynamik von Wassserstoffbrückenbindungen

Jaane Seehusen

# Schwingungsdynamik von Wassserstoffbrückenbindungen

Untersuchungen mithilfe von zeit- und frequenzaufgelöster Spektroskopie im mittleren infraroten Spektralbereich

Südwestdeutscher Verlag für Hochschulschriften

**Impressum/Imprint (nur für Deutschland/only for Germany)**
Bibliografische Information der Deutschen Nationalbibliothek: Die Deutsche Nationalbibliothek verzeichnet diese Publikation in der Deutschen Nationalbibliografie; detaillierte bibliografische Daten sind im Internet über http://dnb.d-nb.de abrufbar.
Alle in diesem Buch genannten Marken und Produktnamen unterliegen warenzeichen-, marken- oder patentrechtlichem Schutz bzw. sind Warenzeichen oder eingetragene Warenzeichen der jeweiligen Inhaber. Die Wiedergabe von Marken, Produktnamen, Gebrauchsnamen, Handelsnamen, Warenbezeichnungen u.s.w. in diesem Werk berechtigt auch ohne besondere Kennzeichnung nicht zu der Annahme, dass solche Namen im Sinne der Warenzeichen- und Markenschutzgesetzgebung als frei zu betrachten wären und daher von jedermann benutzt werden dürften.

Coverbild: www.ingimage.com

Verlag: Südwestdeutscher Verlag für Hochschulschriften GmbH & Co. KG
Dudweiler Landstr. 99, 66123 Saarbrücken, Deutschland
Telefon +49 681 37 20 271-1, Telefax +49 681 37 20 271-0
Email: info@svh-verlag.de

Zugl.: Bonn, Rheinische Friedrich-Wilhelms-Universität, Diss., 2010

Herstellung in Deutschland:
Schaltungsdienst Lange o.H.G., Berlin
Books on Demand GmbH, Norderstedt
Reha GmbH, Saarbrücken
Amazon Distribution GmbH, Leipzig
**ISBN: 978-3-8381-2812-2**

**Imprint (only for USA, GB)**
Bibliographic information published by the Deutsche Nationalbibliothek: The Deutsche Nationalbibliothek lists this publication in the Deutsche Nationalbibliografie; detailed bibliographic data are available in the Internet at http://dnb.d-nb.de.
Any brand names and product names mentioned in this book are subject to trademark, brand or patent protection and are trademarks or registered trademarks of their respective holders. The use of brand names, product names, common names, trade names, product descriptions etc. even without a particular marking in this works is in no way to be construed to mean that such names may be regarded as unrestricted in respect of trademark and brand protection legislation and could thus be used by anyone.

Cover image: www.ingimage.com

Publisher: Südwestdeutscher Verlag für Hochschulschriften GmbH & Co. KG
Dudweiler Landstr. 99, 66123 Saarbrücken, Germany
Phone +49 681 37 20 271-1, Fax +49 681 37 20 271-0
Email: info@svh-verlag.de

Printed in the U.S.A.
Printed in the U.K. by (see last page)
**ISBN: 978-3-8381-2812-2**

Copyright © 2011 by the author and Südwestdeutscher Verlag für Hochschulschriften GmbH & Co. KG and licensors
All rights reserved. Saarbrücken 2011

Lass keinen Tag vergehen ohne deine Träume genährt, ohne die Schönheit einfacher Dinge bemerkt, ohne etwas Neues gelernt zu haben.

*Sergio Bambaren*

# Inhaltsverzeichnis

1. **Einleitung**    1

2. **Grundlagen**    7
   - 2.1. Wasserstoffbrückenbindung .......................... 7
   - 2.2. Schwingungen .................................. 10
     - 2.2.1. Harmonischer Oszillator ..................... 10
     - 2.2.2. Anharmonische Potentiale ................... 12
     - 2.2.3. Schwingungen in mehratomigen Molekülen ........ 16
   - 2.3. Schwingungsspektroskopie .......................... 18
     - 2.3.1. OH-Schwingungsspektren ..................... 20
     - 2.3.2. Zeit- und frequenzaufgelöste Schwingungsspektroskopie ...... 23
     - 2.3.3. Spektroskopie an mehratomigen Molekülen ........ 27
     - 2.3.4. Zweidimensionales Pump-Probe-Experiment ....... 29
     - 2.3.5. Chemischer Austausch und spektrale Diffusion ........ 31
   - 2.4. Theoretische Rechnungen ........................... 35
     - 2.4.1. Molekularmechanische Methoden ................ 35
     - 2.4.2. Dichtefunktionaltheorie ...................... 36
     - 2.4.3. Molekulardynamische Langevin-Simulationen .......... 40

3. **Experimentelle Techniken**    43
   - 3.1. Aufbau des Pump-Probe-Experiments .................... 43
   - 3.2. Optisch-parametrischer Verstärker ..................... 46
   - 3.3. Aufbau des 2D-IR-Experiments ....................... 49
   - 3.4. Stationäre Messungen und optische Zellen ................. 57

Inhaltsverzeichnis

   3.5. Probenpräparation . . . . . . . . . . . . . . . . . . . . . . . . . . 58
       3.5.1. Polyole . . . . . . . . . . . . . . . . . . . . . . . . . . . . . 58
       3.5.2. Wasser auf 18-Krone-6 . . . . . . . . . . . . . . . . . . . . 63

**4. Intramolekulare Wasserstoffbrückenbindungen**     **65**
   4.1. Wasserstoffbrücken in Polyolen . . . . . . . . . . . . . . . . . . . 68
   4.2. Statische Absorptionsspektren der Polyole . . . . . . . . . . . . . . 74
   4.3. Dynamik der Wasserstoffbrücken in Polyolen . . . . . . . . . . . . 81
   4.4. Transiente Spektren der Polyole . . . . . . . . . . . . . . . . . . . 84
   4.5. Diskussion . . . . . . . . . . . . . . . . . . . . . . . . . . . . . . 89

**5. Intermolekulare Wasserstoffbrückenbindungen**     **105**
   5.1. 2D-IR-Spektroskopie an 18-Krone-6-Monohydrat . . . . . . . . . . . . 109
   5.2. Austausch im 18-Krone-6-Monohydrat . . . . . . . . . . . . . . . . . 112
   5.3. Temperaturabhängige FTIR-Spektren von 18-Krone-6-Monohydrat . . . . . 114
   5.4. Frequenzselektive Anregung von 18-Krone-6-Monohydrat . . . . . . . . 117
   5.5. Diskussion . . . . . . . . . . . . . . . . . . . . . . . . . . . . . 119

**A. Prinzip quantenmechanischer Rechnungen**     **123**

**B. Zeitauflösung des Pump-Probe-Experiments**     **127**

**C. Justage des optisch- parametrischen Verstärkers**     **131**

**D. Justage des Fabry-Pérot-Etalons**     **135**

**E. Zusätzliche lineare Absorptionsspektren der Polyole**     **137**

**F. Transiente Signale der Polyole**     **139**

**G. Schwingungsanharmonizität in transienten Spektren**     **143**

**H. Modell für syn-Polyole**     **147**

**I. Modell für anti-Polyole**     **151**

Inhaltsverzeichnis

**J. Verdünnungsreihe von 18-Krone-6-Monohydrat**    **157**

**K. Pump-Probe-Spektroskopie an 18-Krone-6-Monohydrat**    **159**

**L. Transiente Signale nach Anregung freier OH-Oszillatoren**    **163**

**M. Störungstheoretische Beschreibung der Spektroskopie**    **167**
     M.1. Theoretische Behandlung der 2D-IR-Spektroskopie . . . . . . . . . . . . . 171
     M.2. Berücksichtigung der Umgebung . . . . . . . . . . . . . . . . . . . . . . . 174
     M.3. Beschreibung des chemischen Austauschs . . . . . . . . . . . . . . . . . . 177

**Verwendete Abkürzungen**    **181**

**Abbildungsverzeichnis**    **185**

**Tabellenverzeichnis**    **189**

**Literaturverzeichnis**    **191**

**Zusammenfassung**    **205**

**Danksagung**    **209**

# 1. Einleitung

Wasserstoffbrückenbindungen (H-Brücken) sind allgegenwärtig in der Natur und bestimmen eine große Anzahl von chemischen und biologischen Phänomenen.[1–8] Als prominente Beispiele gelten Proteinfaltungen, Enzym-Substrat-Wechselwirkungen und die physikochemischen Anomalien des Wassers. Für diese drei Beispiele sind sowohl inter- als auch intramolekulare H-Brücken verantwortlich.

Auf **intramolekularer** Ebene findet beispielsweise eine Ausbildung der Sekundär- und Tertiärstruktur von Proteinen über H-Brücken statt. Diese strukturelle Faltung determiniert lebenswichtige Funktionsweisen der Proteine.[9] In dieser Arbeit werden stereoselektiv synthetisierte, wasserstoffverbrückte Polyole als Modellsysteme für intramolekulare H-Brücken untersucht.

**Intermolekulare** Wechselwirkung, wie sie bei der Erkennung eines Substrats durch ein Enzym auftritt, wird hier modellhaft anhand von Wasser untersucht, welches auf einem Kronenether (18-Krone-6) nicht-kovalent gebunden ist. Diese Arbeit handelt sowohl von der Charakterisierung der Wasserstoffbrückenbindungen im zeitlichen Mittel als auch von deren Dynamik.

Systematische Untersuchungen von Wasser in all seinen Aggregatzuständen werden seit vielen Jahren durchgeführt.[5,10] Trotz der langen Zeit, in der sich die Wissenschaft für dieses lebenswichtige Molekül interessiert, bleiben viele Fragen insbesondere im Hinblick auf dessen Dynamik offen. Das dreidimensionale H-Brückennetzwerk von flüssigem Wasser ist absolut zufällig in Raum und Zeit.[11] Auf der Pikosekundenzeitskala werden H-Brückenbindungen ständig gebrochen und wieder neu geknüpft, so dass erst seit Anwendung von Femtosekunden-Lasern (fs-Lasern) in der zeitaufgelösten Spektroskopie solche ultraschnellen Dynamiken untersucht werden können.

# 1. Einleitung

Für spektroskopische Experimente im infraroten Spektralbereich hat sich die OH-Streckschwingung als eine ausgezeichnete molekulare „Sonde" erwiesen, da ihre Frequenz sehr empfindlich auf strukturelle Details in der unmittelbaren Umgebung reagiert.[12,13] Eine besondere Bedeutung kommt dabei H-Brücken zu: Durch ihre Ausbildung wird die Schwingungsfrequenz des Hydroxyl-Oszillators niederfrequent gegenüber der des ungestörten, nicht H-verbrückten Oszillators verschoben. Im statischen Absorptionsspektrum von flüssigem Wasser weist daher die OH-Streckschwingungsbande eine niederfrequente Verschiebung von etwa 300 $\text{cm}^{-1}$ gegenüber der von Wasser in der Gasphase auf.
Ein weiterer Unterschied zwischen beiden Aggregatzuständen besteht darin, dass eine enorme Verbreiterung der OH-Streckschwingungsbande im Absorptionsspektrum des flüssigen Wassers von ca. 400 $\text{cm}^{-1}$ gegenüber der Bandbreite des gasförmigen Wassers auftritt. Die relative Orientierung zwischen Wassermolekülen im dreidimensionalen Netzwerk variieren sehr stark. Diese verschiedenen H-Brücken-Geometrien, die in einer Verteilung von Frequenzen der OH-Streckschwingung resultieren, verursachen die Breite der OH-Bande von flüssigem Wasser. Indirekt charakterisiert die OH-Streckschwingung also die H-Brückenbindung.[14*]

Allgemein spielen für die Dynamik der OH-Streckschwingungsrelaxation (VER, *engl.*: vibrational energy relaxation) nach einer Anregung mit einem Laserpuls drei Prozesse eine wichtige Rolle:

- Schwingungsenergietransfer der OH-Mode in umgebende Freiheitsgrade bspw. in die eines Lösungsmittels (VET, *engl.*: vibrational energy transfer);

- intramolekulare Schwingungsenergieumverteilung (IVR, *engl.*: intramolecular vibrational redistribution), die eine Umverteilung der Energie im Molekül selbst bezeichnet;

- und spektrale Diffusion, welche eine Veränderung der Schwingungsfrequenz des Moleküls während der Messdauer bedeutet.

Die Energierelaxation und die Dynamik der spektralen Diffusion der OH-Streckschwingung von Wasser war Gegenstand vieler Experimente[15] wie zeitaufgelöste Raman-Streuung,[16]

---
*und enthaltene Referenzen

# 1. Einleitung

Photon-Echo-Spektroskopie[17,18] und Pump-Probe-Messungen.[19–23] Eine vergleichbar große Anzahl von theoretischen Arbeiten sind veröffentlicht.[24–32] Es zeigt sich, dass die Lebensdauer des ersten angeregten OH-Streckschwingungszustandes von HOD in $D_2O$ unter Normalbedingungen*, abhängig von der Anregungsfrequenz, zwischen 0.5 und 1 ps liegt. Die Diskrepanz zwischen den experimentell bestimmten Lebensdauern ist auf zwei miteinander konkurrierende Prozesse zurückzuführen. VER und spektrale Diffusion finden auf derselben Zeitskala statt, so dass die gemessene Lebensdauer einen Mittelwert aus beiden Prozessen darstellt.

Für zwei extreme Fälle soll nun die Dynamik der OH-Streckschwingung von HOD in $D_2O$ bei Raumtemperatur diskutiert werden: Auf der niederfrequenten Seite der OH-Streckschwingungsbande absorbieren OH-Oszillatoren, die kleine H-Brückenabstände ausbilden. Sie können Energie schnell, innerhalb von 500 fs, auf die Umgebung abführen.[33] Die spektrale Diffusion ist hier langsamer als die Schwingungsrelaxation, so dass der VER-Prozess überwiegt und die experimentell bestimmte Zeitkonstante determiniert. Hingegen absorbieren auf der hochfrequenten Seite der OH-Streckschwingungsbande Wassermoleküle, die große H-Brückenabstände besitzen. Ihre Streckschwingung benötigt eine relativ lange Abklingzeit (1 ps), so dass als konkurrierender Prozess die spektrale Diffusion auftritt.[33] Durch systematische Variation der Dichte $\rho(T,p)$ einer Lösung von HOD in $D_2O$ stellten Schwarzer et al.[33] einen linearen Zusammenhang zwischen der Lebensdauer der OH-Schwingung und der Dielektrizitätskonstanten der Lösung her. Wie Okazaki[34,35] und Mitarbeiter in MD-Simulationen zeigten, skaliert die mittlere Anzahl der H-Brücken pro $H_2O$-Molekül linear mit der Dielektrizitätskonstante. Offensichtlich gilt, dass je mehr H-Brücken ausgebildet werden, umso schneller erfolgt die OH-Schwingungsrelaxation. Gleichzeitig zeigen die Experimente von Schwarzer et al., dass bei Raumtemperatur Energierelaxation und spektrale Diffusion von HOD in $D_2O$ auf vergleichbaren Zeitskalen ablaufen.

Die in dieser Arbeit verwendeten stereoselektiv synthetisierten Polyole (s. Abb. 1.1) besitzen unterschiedliche Konformationen, welche die Zeitskala der spektralen Diffusion im Vergleich zum VER-Prozess bestimmen.[11]
Ihr großer Vorteil besteht darin, dass die räumliche Komplexität des dreidimensionalen H-Brückennetzwerks durch Erzeugung eines niederdimensionalen „künstlichen" Netz-

---

*$T = 298\,\text{K}, p = 1\,\text{bar}$

# 1. Einleitung

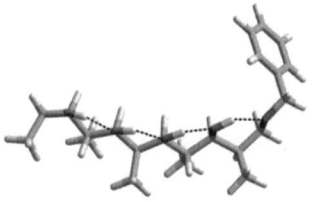 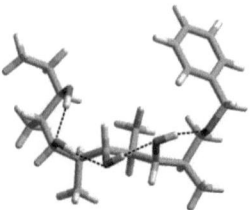

Abbildung 1.1.: Struktur eines Polyols mit vier Hydroxylgruppen in syn-Konformation (links) und anti-Konformation (rechts)

werks reduziert wird. Zusätzlich wird in dieser Arbeit der Einfluss der Anzahl am H-Brückennetzwerk beteiligten Hydroxylgruppen gezielt durch die Verwendung von Polyolen mit zwei, vier und sechs Hydroxylgruppen untersucht.

Gerade in biologischen Prozessen spielen neben intramolekularen H-Brückenbindungen, wie sie anhand der Polyole untersucht werden, **intermolekulare** H-Brücken eine wichtige Rolle. Beispielsweise findet eine zwischenmolekulare Erkennung über H-Brücken statt, wenn sich DNA-Basenpaare zusammenschließen, um einen helikalen Doppelstrang zu bilden. Ebenfalls sind intermolekulare H-Brücken von Bedeutung, wenn ein Substrat in eine molekülspezifische Tasche eines Enzyms eingelagert wird.

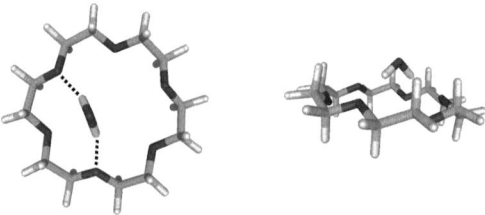

Abbildung 1.2.: Zweifach verbrücktes Wasser auf 18-Krone-6

Um die zwischenmolekulare Kopplung zweier Moleküle durch Bildung eines Bindungsmotives sowie die H-Brückendynamik zu untersuchen, wird in dieser Arbeit das Modellsystem 18-Krone-6-Monohydrat verwendet, welches in Abbildung 1.2 dargestellt ist. Die Wechsel-

# 1. Einleitung

wirkungen des gewählten Wirt-Gast-Komplexes werden durch intermolekulare H-Brückenbindungen dominiert.

Die vorliegende Arbeit beginnt mit den relevanten physikalischen und chemischen Grundlagen (Kapitel 2). Es wird im Detail erläutert, weshalb sich die OH-Streckschwingung als eine molekulare Sonde für H-Brückendynamiken eignet. Des Weiteren führt Kapitel 2 Grundlagen bezüglich Molekülschwingungen, quantenmechanischer Verfahren (DFT), zeitaufgelöster Schwingungsspektroskopie und theoretischen Berechnungsmethoden ein.

Das folgende Kapitel 3 stellt die verwendeten experimentellen Techniken sowie die Probenpräperation inklusive der Polyolsynthese vor. Das sich anschließende Kapitel 4 über intramolekulare H-Brückenbindungen charakterisiert die Wasserstoffbrückenbindungen der Polyole, stellt Ergebnisse aus spektroskopischen Messungen (FTIR und Pump-Probe-Spektroskopie) vor und vergleicht diese mit der Literatur. Intermolekulare H-Brücken behandelt das abschließende Kapitel 5, in dem Ergebnisse aus FTIR-, Pump-Probe- und 2D-IR-Messungen sowie DFT-Rechnungen von Wasser auf 18-Krone-6 diskutiert werden.

# 2. Grundlagen

## 2.1. Wasserstoffbrückenbindung

Der Begriff „Hydrogen Bonding" wurde durch Paulings Buch „The Nature of the Chemical Bond" 1939 allgemein bekannt.[36] Pauling bezieht sich in dieser Veröffentlichung auf Moore und Winmill, die diesen Begriff bereits im Jahr 1912 verwendeten.[37] Sie gingen von einer Wasserstoffbrücke (H-Brücke) zwischen Trimethylammonium und Wasser aus:

$$N(CH_3)_3 + H_2O \rightarrow H\text{-}O^- \cdots H\text{-}N^+(CH_3)_3. \qquad (2.1)$$

Mit dieser Annahme konnten Moore und Winmill die Tatsache erklären, dass die Basenstärke von Trimethylammonium-hydroxid geringer als die von Tetramethylammonium-hydroxid ist.
Die Zusammenarbeit von Latimer, Rodebush und Huggins um 1920 führte zum Erkennen der großen Bedeutung von H-Brücken in Wasser.[38–40] Seit diesem Zeitpunkt gab es verschiedene Ansätze für eine Beschreibung der Wasserstoffbrückenbindung.[2,4,41–45] Die Entdeckung von H-Brücken in $\alpha$-Helices und $\beta$-Faltblattstrukturen von Proteinen[46], sowie zwischen den Watson-Crick-Basenpaaren der DNA, markierten einen Durchbruch in der Biochemie.[47]
Im Jahr 2004 gründete die IUPAC eine Arbeitsgruppe, die das Ziel hatte, eine allgemeine, moderne Definition der H-Brücken zu finden. Sie veröffentlichte 2007 folgende abschließende Definition:

## 2. Grundlagen

„*The hydrogen bond is an attractive interaction between a group X-H and an atom or a group of atoms Y, in the same or different molecule(s), when there is evidence of bond formation.*"[48]

Die Bindung X-H··Y-(Z) wird als Wasserstoffbrückenbindung bezeichnet, wenn möglichst viele der folgenden Punkte erfüllt sind:

*(1) Die physikalischen Kräfte, die zu einer H-Brückenbindung beitragen, müssen elektrostatischer und induktiver Natur sein sowie London-Kräfte enthalten.*

*(2) Die Atome X und H sind kovalent gebunden und die Bindung X-H··Y-Z ist polarisiert, so dass der Wasserstoff positiviert wird.*

*(3) Die Länge der X-H Bindung und, in kleinerem Ausmaß, die Länge der Y-Z Bindung weichen von ihren jeweiligen Gleichgewichtswerten ab.*

*(4) Die X-H und Y-Z Schwingungsfrequenzen sowie ihre Intensitäten weisen eine Veränderung durch die Ausbildung einer H-Brücke auf. Zusätzlich entstehen neue Moden, die der H··Y Bindung zugeordnet werden können.*

*(5) Der X-H und Y-Z NMR Tensor der kernmagnetischen Abschirmung (chemische Verschiebung) verändert sich ebenso wie die Spin-Spin Kopplung und die Stärke des Kern-Overhauser-Effekts (NOE), aufgrund der X-H··Y-Z Bindung.*

*(6) Je stärker die Wasserstoffbrückenbindung ist, desto linearer wird der X-H··Y Winkel $\alpha$ und desto kleiner wird der H··Y Abstand.*

*(7) Die Wechselwirkungsenergie einer H-Brücke ist größer als einige $k_B T^*$, damit die Stabilität der Bindung garantiert ist.*[48]

Für die vorliegende Arbeit ist es wichtig, dass eine H-Brücke sowohl inter- als auch intramolekular erfolgen kann. Sie verursacht laut Punkt *(4)* eine Veränderung des Schwingungsverhaltens.

---

*$k_B T$ = 2.4 kJ/mol bei 300 K

## 2.1. Wasserstoffbrückenbindung

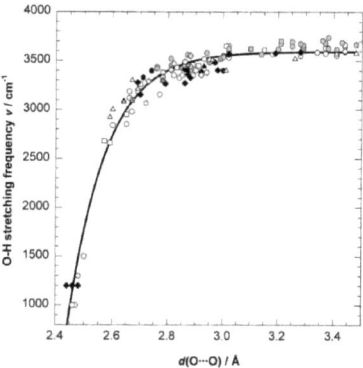

Abbildung 2.1.: Frequenz bei maximaler OH-Streckschwingungsabsorption $\nu_{max}$(O-H) (aus FTIR-Messungen) in Abhängigkeit vom Abstand $d$(OO) (aus Neutronenbeugungsexperimenten) verschiedener Kristalle[49]

Rundle und Parasol[12] sowie Lord und Merrifield[13] maßen erstmalig den Abstand $d$ zwischen X und Y in Röntgenbeugungsexperimenten für H-Brücken des Typs O $\cdots$H-O. Unterschiedliche OO-Abstände realisierten sie durch Verwendung verschiedener organischer Verbindungsklassen in kristalliner Form. Sie korrelierten $d$(OO) mit der Frequenz bei maximaler Absorption der OH-Streckschwingung $\nu_{max}$(O-H), die aus IR-Untersuchungen erhalten wurde.
Eine Auftragung von $\nu_{max}$(O-H) in Abhängigkeit von $d$(OO), dargestellt in Abbildung 2.1, wurde von Libowitzky[49] zusammengetragen. In der Abbildung ist eine niederfrequente Verschiebung der Absorptionsfrequenz mit Verkürzung des OO-Abstands zu erkennen.*
Das bedeutet, dass die OH-Streckschwingung als molekulare Sonde für die Beschreibung der Wasserstoffbrückenbindung verwendet werden kann.[14,50,51] Dieses wichtige experimentelle Ergebnis spielt eine große Rolle für Untersuchungen von H-Brückenbindungen.

---
*Durch eine Verkürzung des OO-Abstands (gleichbedeutend mit der Ausbildung einer H-Brücke) nimmt der anharmonische Charakter der OH-Streckschwingung zu. Gleichzeitig erfolgt die Anregung der OH-Streckschwingung durch die Absorption von Licht mit weniger Energie als bei einer eher harmonischen Schwingung. Der Zusammenhang zwischen Anharmonizität und Absorptionsfrequenz wird im folgenden Kapitel ausführlich behandelt.

2. Grundlagen

## 2.2. Schwingungen

### 2.2.1. Harmonischer Oszillator

Zur Charakterisierung der OH-Streckschwingung wird zunächst die einfachste Beschreibung einer Schwingung verwendet, die durch den harmonischen Oszillator gegeben ist. Das Potential $V(x)$ bei „festgehaltenem" Sauerstoff (O) und schwingendem Wasserstoff (H) ist

$$V(x) = \frac{1}{2}kx^2. \qquad (2.2)$$

Hierbei bezeichnet $x$ die Auslenkung von H aus dem Gleichgewichtsabstand und $k$ die Kraftkonstante der OH-Schwingung.
Die zeitunabhängige Schrödingergleichung*

$$\hat{H}\Psi(r) = E\Psi(r) \qquad (2.3)$$

mit dem Hamiltonoperator $\hat{H}$, der ortsabhängigen Wellenfunktion $\Psi(r)$ und dem Energieeigenwert $E$ lautet für den eindimensionalen Fall des harmonischen Oszillators:

$$\left(-\frac{\hbar^2}{2m}\frac{\partial^2}{\partial x^2} + \hat{V}(x)\right)\Psi(x) = E\,\Psi(x)$$

$$\left(-\frac{\hbar^2}{2m}\frac{\partial^2}{\partial x^2} + \frac{1}{2}kx^2\right)\Psi(x) = E\,\Psi(x). \qquad (2.4)$$

Hierbei bezeichnet $m$ die Masse und $\hbar$ das Planck'sche Wirkungsquantum dividiert durch $2\pi$.
Aus der Randbedingung $\Psi(x \to \infty) = 0$ ergeben sich mehrere Lösungen $\psi_n$ für die Wellenfunktion $\Psi$ in Gleichung 2.4. Die Wellenfunktionen $\psi_n$ für den harmonischen Oszillator sind

$$\psi_n(x) = N_n\,H_n(x)\,\exp(-\frac{1}{2}\beta x^2) \qquad (2.5)$$

---

*Eine gute Einführung in die Quantenmechanik geben beispielsweise [52] und [53].

2.2. Schwingungen

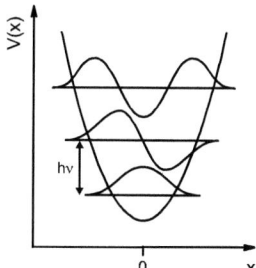

Abbildung 2.2.: Potential $V(x)$ des harmonischen Oszillators in Abhängigkeit von der Auslenkung $x$ aus der Ruhelage; $|n\rangle$ ist der diskrete Energiezustand der Quantenzahl $n$ mit der Wellenfunktion $\psi_n$

mit $n = 0, 1, 2, ..., \infty$, den Hermite Polynomen* $H_n$, den entsprechenden Normierungsfaktoren $N_n$ und $\beta = \sqrt{mk}/\hbar$.
Die Schwingungsenergie nach Lösen des Eigenwertproblems aus Gleichung 2.4 lautet

$$E_n = h\nu \left(n + \frac{1}{2}\right) \quad (2.6)$$

für einen Zustand mit der Quantenzahl $n$ und der systemspezifischen Schwingungsfrequenz $\nu^\dagger$. Gleichung 2.6 ergibt für den Schwingungsgrundzustand $E_0 = \frac{1}{2}h\nu$. Dieser Energiebeitrag, der auch bei einer Temperatur von 0 K vorhanden ist, wird als Nullpunktsenergie bezeichnet.
Der Energieunterschied $\Delta E$ zwischen benachbarten Schwingungsniveaus ist für alle Zustände

$$\Delta E = E_{n+1} - E_n = h\nu. \quad (2.7)$$

Das Potential $V(x)$ des harmonischen Oszillators mit seinen Energieeigenwerten ist in Abbildung 2.2 dargestellt. Jeder diskrete Energiezustand $|n\rangle^\ddagger$ wird eindeutig über seine

---
*Beispielsweise aufgeführt in [54] auf Seite 511
†$\nu = \sqrt{km^{-1}}/2\pi$
‡Dirac- oder Braket-Notation: eigentliche $|\psi\rangle$; $\psi$ kann aber durch alle möglichen Symbole, Buchstaben oder Nummern ersetzt werden, die den Zustand $|\psi\rangle$ eindeutig definieren.

2. Grundlagen

Schwingungsquantenzahl $n$ beschrieben, die die Wellenfunktion $\psi_n$ definiert.* Einen Bindungsbruch, wie in der Chemie allgegenwärtig, lässt der harmonische Oszillator nicht zu.

### 2.2.2. Anharmonische Potentiale

Morse[55] schlug 1929 ein empirisches Potential

$$V(r) = D_e \left(1 - e^{-\beta(r-r_e)}\right)^2 \quad (2.8)$$

mit $\quad \beta = \dfrac{\nu_0}{2\pi} \sqrt{\dfrac{\mu}{2D_e}} \quad (2.9)$

vor. Die Summe aus der Dissoziationsenergie der Bindung $D_0$ und der Nullpunktsenergie $E_0$ wird mit $D_e$ bezeichnet. Der Gleichgewichtsabstand ist $r_e$, die reduzierte Masse $\mu$ und die systemspezifische Schwingungsfrequenz $\nu_0$. Das Morsepotential ist in Abbildung 2.3 dargestellt. Es beschreibt die Schwingung zwischen zwei Atomen deutlich besser als der

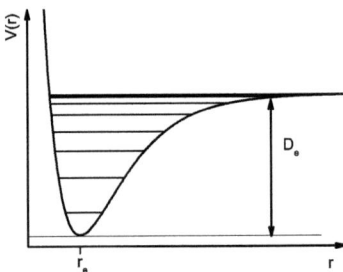

Abbildung 2.3.: Morse Potential $V(r)$, $D_e$ = Dissoziationsenergie $D_0$ + Nullpunktsenergie $E_0$, $r_e$ = OH-Gleichgewichtsabstand, $r$ = O-H Abstand

harmonische Oszillator, da ein Bindungsbruch bei hohen Anregungsenergien berücksichtigt wird. Außerdem wird das repulsive Potential bei kleinen Bindungsabständen $r < r_e$ steiler.

---

*Zum Beispiel bezeichnet $|1\rangle$ den ersten angeregten Schwingungszustand des harmonischen Oszillators mit dem Hermit Polynom erster Ordnung $H_1$, dem Normierungsfaktor $N_1$, der daraus resultierenden Wellenfunktion $\psi_1$ (s. Gleichung 2.5) und dem entsprechenden Energieeigenwert $E_1$.

## 2.2. Schwingungen

Durch Lösen der Schödingergleichung 2.4 für das Morsepotential erhält man die Energieeigenwerte

$$E_n = h\nu_0 \left(n + \frac{1}{2}\right) - h\nu_0 x_e \left(n + \frac{1}{2}\right)^2 \quad (2.10)$$

der Schwingungen mit der Anharmonizitätskonstante $x_e$. Im Morsepotential ist die maximale Schwingungsenergie $D_e$. Damit lässt sich die Anharmonizität in guter Näherung durch

$$x_e = \frac{h \cdot \nu_0}{4D_e} \quad (2.11)$$

angeben.[54] Der Abstand benachbarter Energienieveaus ist nicht mehr äqudistant wie im harmonischen Fall, sondern

$$\Delta E = E_{n+1} - E_n = h\nu_0 \left(1 - 2x_e(n+1)\right). \quad (2.12)$$

Das Morse-Potential ist adequat für intramolekulare Schwingungen, die nicht durch ein zusätzliches äußeres Potential wie beispielsweise die Wasserstoffbrückenbindung beeinflusst werden.

In der flüssigen oder in der festen Phase stören zusätzlich H-Brücken das anharmonische Potential des OH-Oszillators. Lippincott und Schröder veröffentlichten 1955 ein Potential für die Beschreibung einer linearen H-Brücke O-H··O, welches in Abbildung 2.4 dargestellt ist.[56,57] Die OH-Bindungsdehnung wird mit einem Morse Potential beschrieben:

$$V_{\text{O-H}}(r) = D_e[1 - \exp(-n\Delta r^2/2r)] \quad \text{und} \quad (2.13)$$
$$n = k_0 r_0 / D_e.$$

Hierbei ist die Dissoziationsenergie $D_e$, die Auslenkung $\Delta r = r - r_0$ aus dem Gleichgewichtsabstand $r_0$ und die Kraftkonstante der freien OH-Schwingung $k_0$. Das Potential zwischen beiden Sauerstoffatomen mit dem Abstand $R$ wird analog berücksichtigt. Daraus ergibt sich ein Potential der Wasserstoffbrückenbindung von

$$V_{\text{H··O}}(r,R) = -D_e^* \exp[-n^*(R - r - r_0)^2/2(R - r)]. \quad (2.14)$$

## 2. Grundlagen

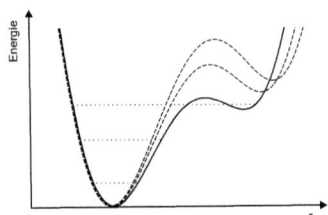

Abbildung 2.4.: Lippincott-Schröder Potentiale für OH··O bei drei verschiedenen Abständen $R$ in Abhängigkeit der OH-Bindungslänge $r$. Die Energieeigenwerte sind aus [58] entnommen.

Hierbei beziehen sich die Größen mit einem Stern auf die Eigenschaften der H-Brücke. Lippincott und Schröder nahmen an, dass $n^* D_e^* \approx g\, n\, D_e$ gilt und verwendeten $g$ als Parameter, um die theoretischen Rechnungen an experimentelle Werte anzupassen.

Das Lippincott-Schröder-Potential (LS-Potential) berücksichtigt außerdem eine Van-der-Waals Abstoßung $V_{\text{vdW}}$ und eine elektrostatische Anziehung $V_{\text{el}}$ zwischen beiden Sauerstoffatomen:

$$V_{\text{vdW}} = 2\, V_0\, e^{-b(R-R_0)} \qquad (2.15)$$

$$V_{\text{el}} = -V_0 \frac{R_0}{R} \qquad (2.16)$$

mit dem OO-Gleichgewichtsabstand $R_0$ und dem substanzspezifischen Parameter $b$.[*] Die Summe der Gleichungen 2.13 bis 2.16 ist das LS-Potential

$$V_{\text{LS}} = V_{\text{vdW}} + V_{\text{el}} + V_{\text{O-H}} + V_{\text{H··O}}. \qquad (2.17)$$

---

[*]Der Parameter $b$ kann über bereits bekannte H-Brückenbindungsenergien abgeschätzt werden.[57]

## 2.2. Schwingungen

Aufgrund der von Lippincott und Schröder verwendeten Annahmen*, beschreibt Gleichung *2.17* H-Brücken in der festen Phase[57] und damit die experimentell bestimmte Frequenzverschiebung der OH-Schwingungsabsorption in Abhängigkeit von $R$ durch Parasol et al.[12] und Merrifield et al.[13] (vgl. Abschnitt 2.1). Außerdem können mit dem LS-Potential OH-Bindungsabstände, H-Brücken-Energien und Kraftkonstanten der OH-Bindung in Abhängigkeit von $R$ erhalten werden.

Die Schrödingergleichung für das LS-Potential ist analytisch nicht lösbar, da die Koordinaten der drei an einer H-Brücke beteiligten Atome voneinander abhängig sind. Es wurden verschiedene Ansätze für die Berechnung der Energieeigenwerte vorgeschlagen.[30,57,58†] Für eine störungstheoretische Näherung des LS-Potentials[59] sind die Energieeigenwerte für verschieden starke Wasserstoffbrücken in Abbildung 2.5 zu sehen. In der flüssigen Phase un-

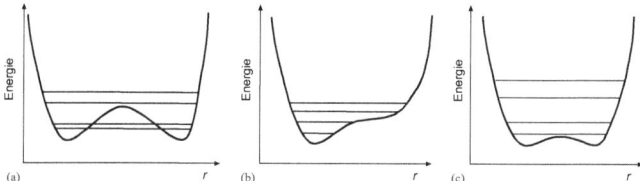

Abbildung 2.5.: Energien für H in einer (a) schwachen, (b) mittleren und (c) starken H-Brücke $O^1$-H $\cdots$ $O^2$ in Abhängigkeit vom Abstand $r$ zum $O^1$-Sauerstoffatom[59]. Das Doppelminimumpotential ergibt sich aus den resonanten Formen $O^1$-H $\cdots$ $O^2$ und $O^1$ $\cdots$ H-$O^2$.

terliegen H-Brücken einer zeitlichen und räumlichen Fluktuation. Dieses komplexe System ist bis heute Gegenstand aktueller Forschung.

---

*Die Annahmen von Lippincott und Schröder für die Berechnung des LS-Potentials sind: (a) Der Wasserstoff liegt auf einer geraden Verbindungslinie zwischen den beiden Sauerstoffatomen. (b) Die OH-Bindung kann als eine um $r - r_0$ gestreckte kovalente Bindung betrachtet werden. (c) Die Wasserstoffbrückenbindung ist eine schwache Bindung und entspricht daher einer sehr gestreckten Bindung. Die Größe der Bindungsdehnung sei $R - r - r_0^*$. (d) Die Van-der-Waals Abstoßung beider Sauerstoffatome untereinander kann über ein exponentielles Potential beschrieben werden. (e) Das elektrostatische Potential zwischen beiden Sauerstoffen ist proportional zu $-B/R^m$. (f) Die potentielle Schwingungsenergie beider Bindungen kann über Gleichung *2.13* erhalten werden.
†und darin enthaltene Referenzen

## 2. Grundlagen

### 2.2.3. Schwingungen in mehratomigen Molekülen

Ein $N$ atomiges Molekül besitzt in einer gewinkelten Anordnung $3N - 6$ Schwingungen. Um diese zu diskutieren, bietet sich die Einführung einer massengewichteten Koordinate $q_i$ mit $i = 1, 2, ...., 3N$ und

$$q_i = \sqrt{m_i}\, x_i \tag{2.18}$$

an. Die Masse des schwingenden Atoms wird mit $m_i$ bezeichnet und die Auslenkung aus der Ruhelage mit $x_i$.
Treten mehrere Schwingungen auf, so ist das Potential abhängig von der Auslenkung in die drei Raumrichtungen aller $N$ Atome aus ihrer jeweiligen Ruhelage. Das von $3N$ Koordinaten abhängige Potential wird mit einer Taylor-Entwicklung* um seine Gleichgewichtslage erhalten:

$$V(q_i, q_j, ..., q_{3N}) = V(0) + \sum_i \left(\frac{\partial V}{\partial q_i}\right)_0 q_i + \frac{1}{2!}\sum_{i,j}\left(\frac{\partial^2 V}{\partial q_i \partial q_j}\right)_0 q_i\, q_j$$

$$+ \frac{1}{3!}\sum_{i,j,k}\left(\frac{\partial^3 V}{\partial q_i \partial q_j \partial q_k}\right)_0 q_i\, q_j\, q_k + \cdots, \tag{2.19}$$

wobei $q_i, q_j, ..., q_{3N}$ die massengewichteten Koordinaten der $N$ Atome sind. Das Potential $V(q_i, q_j, ..., q_{3N})$ soll auf dessen Ruhelage bezogen sein, so dass $V(0) = 0$ ist. Der zweite Summand ist ebenfalls Null, da es sich hier um die erste Ableitung des Potentials am Minimum handelt. Glieder höher als quadratischer Ordnung sollen aufgrund ihres geringen Beitrags vernachlässigt werden:

$$V = \frac{1}{2}\sum_{i,j} K_{ij}\, q_i\, q_j \tag{2.20}$$

mit $\qquad K_{ij} = \left(\frac{\partial^2 V}{\partial q_i\, \partial q_j}\right)_0. \tag{2.21}$

---

*Taylorreihe: $f(x) = f(0) + \sum_n \frac{1}{n!}\left(\frac{d^n f}{dx^n}\right)_0 x^n$

## 2.2. Schwingungen

Die kinetische Energie ist

$$E_{\text{kin}} = \frac{1}{2} m v^2 = \frac{1}{2} m \dot{x}^2 = \frac{1}{2} \dot{q_i}^2 \qquad (2.22)$$

mit der Geschwindigkeit $v$ und den Ableitungen $\dot{x}, \dot{q}$ von $x$ und $q$ nach der Zeit. Mit Gleichung 2.20 ergibt sich die Gesamtenergie der Schwingung zu*

$$E = \frac{1}{2} \sum_i \dot{q_i}^2 + \frac{1}{2} \sum_{i,j} K_{ij}\, q_i\, q_j. \qquad (2.23)$$

Die Beiträge von $i \neq j$ zum Potential werden als Nichtdiagonalterme bezeichnet. Linearkombinationen $Q_i$ der massengewichteten Koordinaten $q_i$, die

$$E = \frac{1}{2} \sum_i \dot{Q_i}^2 + \frac{1}{2} \sum_i \lambda_i\, Q_i^2 \qquad (2.24)$$

erfüllen, werden Normalkoordinaten genannt und die dazugehörigen Schwingungen Normalmoden. Ihre Koeffizienten $\lambda_i$ sind massengewichtete Kraftkonstanten.

Für Wasser gibt es drei Normalmoden mit ihren Quantenzahlen $n$: symmetrische Streckschwingung $n_s$, asymetrische Streckschwingung $n_{as}$ und Biegeschwingung $n_b$. In der Diracnotation sind die Schwingungszustände des Moleküls mit $|n_s\, n_{as}\, n_b\rangle$ bezeichnet. Eine alleinige Anregung der Biegeschwingung mit einem Energiequant ist demnach $|0\,0\,1\rangle$. Dieser Zustand kann als reiner Biegeschwingungszustand aufgefasst werden, da andere Schwingungen keinen Beitrag zu ihm liefern. Im Gegensatz dazu spielen in dem gemischten Zustand $|1\,1\,1\rangle$ alle Normalmoden eine Rolle.
Besitzt der Term mit der dritten Potenz

$$\frac{1}{3!} \sum_{i,j,k} \left( \frac{\partial^3 V}{\partial q_i \partial q_j \partial q_k} \right)_0 q_i\, q_j\, q_k$$

aus Gleichung 2.19 einen nennenswerten Beitrag, sind die Normalmoden nicht mehr zu separieren. Es tritt eine sogenannte mechanische Anharmonizität auf. Infolgedessen werden Kombinationsbanden spektroskopisch sichtbar.

---
*Schwingungsenergie: $E = V + E_{\text{kin}}$

## 2. Grundlagen

## 2.3. Schwingungsspektroskopie

Zum Verständnis der Anharmonitzität in der Schwingungsspektroskopie wird nun das elektronische Dipolmoment $\mu$ eingeführt.

Weist ein Molekül eine asymmetrische Ladungsverteilung auf, kann es als elektrischer Dipol[60] aufgefasst werden. Dies ist exemplarisch in Abbildung 2.6 für ein Wassermolekül dargestellt. Die Stärke des Dipolcharakters wird über einen Vektor, dem permanenten Dipolmoment

$$\vec{\mu} = q\,\vec{r} \qquad (2.25)$$

des Moleküls angegeben. Hierbei ist $q$ die Ladung und $\vec{r}$ der Abstand zwischen positivem und negativem Ladungsschwerpunkt. Der Vektor $\vec{\mu}$ zeigt definitionsgemäß in Richtung des positiven Ladungsschwerpunkts.

Befinden sich in einem Molekül $n$ Ladungen $q_i$ an den Orten $\vec{r}_i$ so ergibt sich das Gesamtdipolmoment durch Vektoraddition:

$$\vec{\mu} = \sum_{i=1}^{n} \vec{\mu}_i = \sum_{i=1}^{n} q_i\,\vec{r}_i. \qquad (2.26)$$

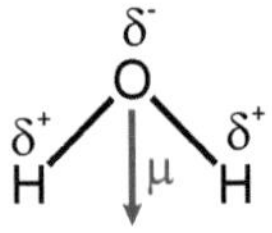

Abbildung 2.6.: Dipolmoment von $H_2O$; Partialladungen der Atome $\delta$, resultierendes Dipolmoment $\vec{\mu}$

Das elektrische Dipolmoment des Moleküls wird durch Wechselwirkung mit einer elektromagnetischen Welle gestört. Die Beschreibung dieser Störung kann mithilfe der linearen Störungstheorie erfolgen. Hierbei ist der Hamiltonoperator $\hat{H}$ durch Addition eines Störoperators

$$\hat{H}' = \vec{E} \cdot \hat{\vec{\mu}} \qquad (2.27)$$

ergänzt. Der Dipolmomentoperator ist $\hat{\vec{\mu}}$ und das eingestrahlte elektrische Feld

$$\vec{E} = \vec{E}_0 \cos 2\pi\nu t = \frac{1}{2}\vec{E}_0 \left( e^{2\pi\nu i t} + e^{-2\pi\nu i t} \right), \qquad (2.28)$$

## 2.3. Schwingungsspektroskopie

mit der Maximalamplitude $\vec{E}_0$, der Frequenz $\nu$ und der Zeit $t$. Für eine quantenmechanische Beschreibung muss die zeitabhängige Schrödingergleichung mit dem Ansatz

$$\Psi(r,t) = \psi(r) \cdot e^{-iEt/\hbar} \qquad (2.29)$$

für die Wellenfunktion gelöst werden. Die Bedingung für einen Übergang vom Zustand $|l\rangle$ nach $|m\rangle$ unter Aufnahme (Absorption) bzw. Abgabe (Emission) eines Photons wird mit

$$\int_{-\infty}^{\infty} \psi_m(x)^* \hat{\mu}\, \psi_l(x)\, \mathrm{d}x = \langle m\,|\,\hat{\mu}\,|\,l\rangle \neq 0 \qquad (2.30)$$

in Abhängigkeit von der Ortskoordinate $x$ erhalten.* Das bedeutet, dass eine Schwingungsanregung nur erlaubt ist, sofern das Übergangsmoment $\langle m\,|\,\hat{\mu}\,|\,l\rangle$ von Null verschieden ist.

Das Dipolmoment $\vec{\mu}$ eines elektronischen Zustands kann um seine Ruhelage mit Auslenkung $x$ der Atomkerne entwickelt werden:

$$\mu = \mu_0 + \left(\frac{d\mu}{dx}\right)_0 x + \frac{1}{2}\left(\frac{d^2\mu}{dx^2}\right)_0 x^2 + \cdots. \qquad (2.31)$$

Aus den Gleichungen 2.30 und 2.31 folgt:

$$\langle m\,|\,\hat{\mu}\,|\,l\rangle = \mu_0 \langle m\,|\,l\rangle + \left(\frac{d\mu}{dx}\right)_0 \langle m\,|\,x\,|\,l\rangle + \frac{1}{2}\left(\frac{d^2\mu}{dx^2}\right)_0 \langle m\,|\,x^2\,|\,l\rangle + \cdots, \qquad (2.32)$$

wobei $\langle m|l\rangle = 0$.[†] Durch Lösen von Gleichung 2.32 werden für den harmonischen Oszillator erlaubte Übergänge $m = l \pm 1$ erhalten, da höhere Terme der Taylorreihe als der Quadratische keinen Beitrag liefern und nur $\left(\frac{d\mu}{dx}\right)_0 \langle l \pm 1\,|\,x\,|\,l\rangle$ ungleich Null ist. Das heißt, in einem harmonischen Oszillator kann durch Absorption eines Photons der Energie $h\nu$ eine Schwingungsanregung in den darüber liegenden Zustand erfolgen. Komplementär dazu ist die Emission eines Photons mit der Energie $h\nu$ mit einem Übergang in das darunter liegende Schwingungsniveau verbunden. Aufgrund der äquidistanten Energieniveaus im har-

---

*Eine ausführliche Herleitung findet sich in: „Lehrbuch der physikalischen Chemie", G. Wedler, 5. Auflage, Wiley-VCH Verlag 2004, Seite 606.

[†]$\langle m\,|\,l\rangle = \int\limits_{-\infty}^{\infty} \psi_m^* \psi_l \,\mathrm{d}x = 0$ folgt aus der Orthogonalitätsbedingung der Wellenfunktionen.

## 2. Grundlagen

monischen Oszillator (s. Gleichung 2.6) besitzen Absorption und Emission aller Zustände dieselbe Energie $E = h\nu$.

Das Übergangsdipolmoment eines mehratomigen Moleküls mit den Normalmoden $Q_i, Q_j, \ldots$ kann ebenfalls um die jeweilige Bindungsruhelage entwickelt werden:

$$\mu = \mu_0 + \sum_i \left(\frac{\partial \mu}{\partial Q_i}\right)_0 Q_i + \frac{1}{2} \sum_{i,j} \left(\frac{\partial^2 \mu}{\partial Q_i \partial Q_j}\right)_0 Q_i Q_j + \cdots. \qquad (2.33)$$

In Analogie zu Gleichung 2.32 ist $\mu_0 \langle m|l\rangle = 0$ und $\left(\frac{\partial \mu}{\partial Q_i}\right)_0 \langle l \pm 1 | Q_i | l\rangle \neq 0$. Höhere Terme der Taylorreihe liefern Übergangsmatrixelemente, die proportional zu $Q_i^2, Q_i^3 \ldots$ sind. Dadurch werden Übergänge mit $m = l \pm 2, l \pm 3 \ldots$ erlaubt, die im harmonischen Oszillator verboten sind. Außerdem enthalten die höheren Terme der Taylorreihe Nichtdiagonalbeiträge $i \neq j$ und beschreiben Kombinationsbanden $|lm\rangle$, in denen mehrere Schwingungen simultan angeregt sind. Ein Beitrag $\langle (l+a)(m+b) | \hat{\mu} | lm\rangle \neq 0$ mit $a, b \in \mathbb{N}$ wird als elektrische Anharmonizität bezeichnet (im Gegensatz zur mechanischen Anharmonizität). Damit dieser anharmonische Beitrag ungleich Null ist, darf $|(l+a)(m+b)\rangle$ keine Linearkombination von $|l\rangle$ und $|m\rangle$ sein. Gleichzeitig bedeutet dies, dass die Energie der Kombinationsbande E($|lm\rangle$) nicht gleich der Summe der einzelnen Schwingungsenergien E($|l\rangle$) und E($|m\rangle$) ist.

### 2.3.1. OH-Schwingungsspektren

Abbildung 2.7 zeigt das Absorptionsspektrum von flüssigem Wasser im OH-Schwingungsbereich. Charakteristisch für das Spektrum von Wasser in der flüssigen Phase ist eine breite Absorptionsbande der symmetrischen und asymmetrischen OH-Streckschwingungen $\nu_{\text{OH}}$ um 3400 cm$^{-1}$ zu erkennen.
Im Allgemeinen besitzt jeder spektroskopische Übergang eine natürliche Linienbreite

$$\Gamma = \frac{\hbar}{\tau}, \qquad (2.34)$$

2.3. Schwingungsspektroskopie

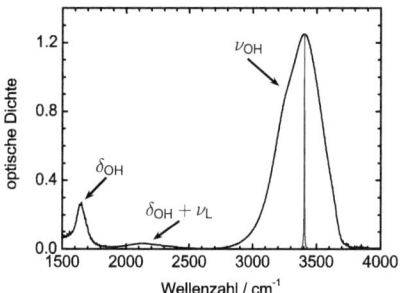

Abbildung 2.7.: Absorptionsspektrum von flüssigem Wasser im OH-Schwingungsbereich bei 1 bar und 298 K (schwarz). Hierbei ist die Bande der symmetrischen und asymmetrischen OH-Streckschwingung mit $\nu_{OH}$, die Biegeschwingungsbande mit $\delta_{OH}$ und die Kombinationsbande der Biegeschwingung mit Librationsmoden mit $\delta_{OH} + \nu_L$ bezeichnet. Die natürliche Linienbreite eines Zustands bei 3405 cm$^{-1}$ mit einer Lebensdauer von 1 ps ist blau dargestellt.

die durch die Energieunschärfe eines Zustands mit einer endlichen Lebensdauer $\tau^*$ hervorgerufen wird.

Um dieses Phänomen zu erklären, soll folgende Betrachtung herangezogen werden: Die Wahrscheinlichkeit ein System zum Zeitpunkt $t$ im angeregten Zustand, der eine Lebensdauer $\tau$ besitzt, vorzufinden ist nach [52]:

$$|\Psi(r,t)|^2 \, e^{-t/\tau}. \qquad (2.35)$$

Aus dem gewählten Separationsansatz (s. auch Gleichung 2.29)

$$\Psi(r,t) = \psi(r) \, e^{-iEt/\hbar} \qquad (2.36)$$

der Schrödingergleichung für ein zeitunabhängiges Potential $V(r)$ und Gleichung 2.35 folgt:

$$\underline{\Psi}(r,t,\tau) = \psi(r) \exp\left(-\frac{iEt}{\hbar} - \frac{t}{2\tau}\right). \qquad (2.37)$$

---

*$\tau$ bezeichnet die Zeit, in der die Bevölkerung in einem Schwingungszustand um $1/e$ abgeklungen ist.

## 2. Grundlagen

Das Abklingen des angeregten Zustands folgt einer gedämpften Schwingung* mit der Dämpfungskonstanten $\delta = (2\,\tau)^{-1}$.
Das entsprechende Spektrum ergibt sich aus dem Fourier-Integral[61]

$$F(E) = \int_0^\infty e^{-iEt/\hbar} f(t)\,\mathrm{d}t \qquad (2.38)$$

$$= \int_0^\infty \exp\left[-\frac{i\,t}{\hbar}\left(E_0 - E + \frac{\Gamma}{2i}\right)\right]\mathrm{d}t \qquad (2.39)$$

$$= \frac{\hbar}{i(E_0 - E) + \Gamma/2}. \qquad (2.40)$$

Die für den Übergang in den ersten angeregten Zustand charakteristische Energie wird hierbei mit $E_0$ bezeichnet. Gleichzeitig ist $E_0$ die Energie der ungedämpften Schwingung.

Der Realteil von Gleichung 2.40 gibt das „Energiespektrum" an:

$$f(E) = \hbar\,\frac{\Gamma/2}{(E_0 - E)^2 + (\Gamma/2)^2}. \qquad (2.41)$$

Aus diesem wird mit $E = h\,c\,\tilde{\nu}$ das „Frequenzspektrum"

$$f'(\tilde{\nu}) = \frac{1}{(2\pi\,c)^2}\,\frac{\delta}{(\tilde{\nu}_0 - \tilde{\nu})^2 + \delta^2(2\pi\,c)^{-2}} \qquad (2.42)$$

erhalten. Diese um $\tilde{\nu}_0$ symmetrische Funktion ist das sogenannte Lorentzprofil. Sie ist in Abbildung 2.7 für eine Lebensdauer $\tau$ von 1 ps eingezeichnet (blaue Kurve). Ihr Maximum liegt bei der Wellenzahl $\tilde{\nu}_0$ und besitzt eine Amplitude von $f'(\tilde{\nu}_0) = 2\,\tau$. Bei $\Delta\tilde{\nu} = (\tilde{\nu}_0 - \tilde{\nu}) = (2\tau)^{-1}$ ist die Amplitude auf die Hälfte abgesunken. Die Halbwertsbreite der Linie beträgt also $\Delta\nu_{\text{FWHM}} = 1/\tau$ und nimmt mit Verkürzung der Lebensdauer $\tau$ zu.[†]

---

*Funktion einer gedämpften Schwingung ist: $f(t) = A\exp(-\delta t)\exp(i\,E_0\,\hbar^{-1}\,t)$ mit der Dämpfungskonstanten $\delta$.
[†]Unter Annahme einer Lebensdauer von $\tau = 1$ ps ist $\Delta\nu_{\text{FWHM}} = 10^{12}\,\text{s}^{-1}$ bzw. $\Delta\tilde{\nu}_{\text{FWHM}} = \nu \cdot c \cdot 10^{-2} = 33\,\text{cm}^{-1}$.

## 2.3. Schwingungsspektroskopie

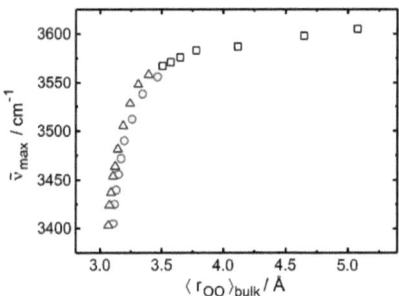

Abbildung 2.8.: Frequenz des Absorptionsmaximums $\tilde{\nu}_{max}$ in Abhängigkeit vom H-Brückenabstand $r_{OO}$ für HOD in $D_2O$ nach Kandratsenka et al.[62]

Wie in Abbildung 2.7 zu erkennen ist, weist die OH-Streckschwingungsbande eine deutlich größere spektrale Breite auf, als anhand der natürlichen Linienbreite zu erwarten wäre. Ursächlich hierfür ist, dass Wassermoleküle in der flüssigen Phase Wasserstoffbrückenbindungen bilden, die unterschiedliche $r_{OO}$-Abstände besitzen. Je nach H-Brückenabstand variiert die maximale Absorptionsfrequenz $\tilde{\nu}_{max}$ der OH-Streckschwingung, wie in Abbildung 2.8 gezeigt ist. Daher spiegelt die Breite der Absorption die inhomogene Verteilung der H-Brückenbindungsabstände in der flüssigen Phase wieder.
Zusätzlich erfolgt die Energierelaxation der OH-Streckschwingung von Wasser aufgrund resonanter Wechselwirkungen* mit inter- und intramolekularen Moden über einen komplexen Pfad, indem Librationen, Schwingungen und gehinderten Translationen eine Rolle spielen.[19,63,64] Diese Form der Energierelaxation trägt ebenfalls zur starken Linienverbreiterung des Schwingungsspektrums bei.

### 2.3.2. Zeit- und frequenzaufgelöste Schwingungsspektroskopie

Mit der infraroten Pump-Probe-Spektroskopie können Schwingungsdynamiken untersuchen werden. Durch Einstrahlen eines IR-Laserpulses (Pumppuls oder Anregungspuls) wird zum

---

*Z.B. weist die Streckschwingung eine Fermiresonanz mit dem Oberton der Biegeschwingung auf.

## 2. Grundlagen

Zeitpunkt $t = 0$ das durch die Boltzmannverteilung* definierte thermische Gleichgewicht $P_l^{eq}$ gestört. Es ergibt sich eine geänderte Verteilung $P_l^{ex}(0)$, die mit der Zeit $t \to \infty$ zurück ins thermische Gleichgewicht relaxiert:

$$P_l^{eq} \to P_l^{ex}(0) \to P_l^{ex}(\infty) = P_l^{eq}. \qquad (2.44)$$

Der Prozess wird als Schwingungsenergierelaxation bezeichnet und ist für einen anharmonischen Oszillator in Abbildung 2.9 A schematisch dargestellt. Der Relaxationsprozess kann auf der Zeitskala einiger Femtosekunden ablaufen und ist daher seit der Verwendung von Titan-Saphir-Lasern in der Pump-Probe-Spektroskopie[65,66] zugänglich.

Das Prinzip dieser spektroskopischen Methode basiert darauf, dass zeitverzögert zum Pumppuls ein weiterer intensitätsschwacher Laserpuls (Probepuls oder Nachweispuls) eingestrahlt wird, der die veränderte Absorption der Moleküle detektiert (Abb. 2.9 B). Durch Variation der Verzögerungszeit zwischen Pump- und Probepuls kann die zeitliche Änderung der Verteilung von $P_l^{ex}(t)$ gemessen werden. Das resultierende Messsignal ist in Abbildung 2.9 C dargestellt, unter Annahme eines exponentiellen Verlaufs der Energierelaxation mit einer Lebensdauer $\tau$.

Die in der Abbildung 2.9 C schwarz dargestellte molekulare Antwort bezieht sich auf den Verlauf der Energierelaxation bei einer speziellen Probefrequenz[†] und wird im Folgenden als transientes Signal bezeichnet. Die Verwendung eines breitbandigen Nachweisstrahls und einem Detektor, der die transienten Signale für einzelne Probefrequenzen separat aufzeichnet, ermöglicht neben der Zeit- auch eine Frequenzauflösung.[‡]

Meist wird das Pump-Probe-Signal in Einheiten der differentiellen optischen Dichte $\Delta OD(\nu)$ angegeben. Sie berechnet sich aus der frequenzabhängigen optischen Dichte des

---

*Die Besetzungswahrscheinlichkeit $P_l$ für einen Zustand $l$ ist im thermischen Gleichgewicht bei einer Temperatur $T$ durch die Boltzmannverteilung

$$P_l^{eq} = \frac{N_l}{N} = \frac{\exp(-\beta E_l)}{\sum_l \exp(-\beta E_l)} \qquad (2.43)$$

mit $\beta = (k_B T)^{-1}$ und die Summe über alle Zustände $N$ bestimmt. Bei Raumtemperatur ist im Wesentlichen der Schwingungsgrundzustand $|0\rangle$ besetzt.
[†]z.B. bei $(3450\pm5)\,\mathrm{cm}^{-1}$
[‡]Eine detaillierte Beschreibung der Signalaufnahme findet sich in Kapitel 3.

## 2.3. Schwingungsspektroskopie

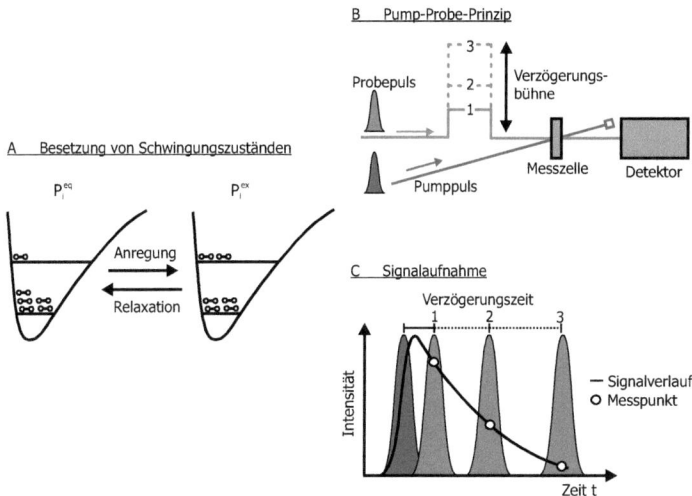

Abbildung 2.9.: $A$: Prinzip der Schwingungsanregung und -relaxation induziert durch einen Pumppuls, dargestellt für einen einfachen anharmonischen Oszillator, $B$: Schematische Darstellung der Pump-Probe-Spektroskopie; ein Pumppuls (braun) wird in die Zelle fokussiert und regt in ihr Moleküle an. Die resultierende molekulare Antwort wird durch eine schrittweise Verzögerung des Probepulses (blau) detektiert, $C$: Prinzip der Signalaufnahme; zeitabhängiges Signal der Moleküle (schwarz), die Messpunkte (Kreise) entsprechen den Positionen der Verzögerunsbühne in B.

Probestrahls nach Anregung des Molekülensembles mit einem Pumppuls $OD_{mP}(\nu)$ und die ohne eine solche Anregung $OD_{oP}(\nu)$:

$$\Delta OD(\nu) = OD_{mP}(\nu) - OD_{oP}(\nu) = -log\left(\frac{I(\nu)}{I_0(\nu)}\right)_{mP} + log\left(\frac{I(\nu)}{I_0(\nu)}\right)_{oP}. \quad (2.45)$$

Eine Auftragung der differentiellen optischen Dichte $\Delta OD(\nu)$ in Abhängigkeit von der Probefrequenz $\nu$ bei einer Verzögerungszeit $t$ wird als transientes Spektrum bezeichnet.

## 2. Grundlagen

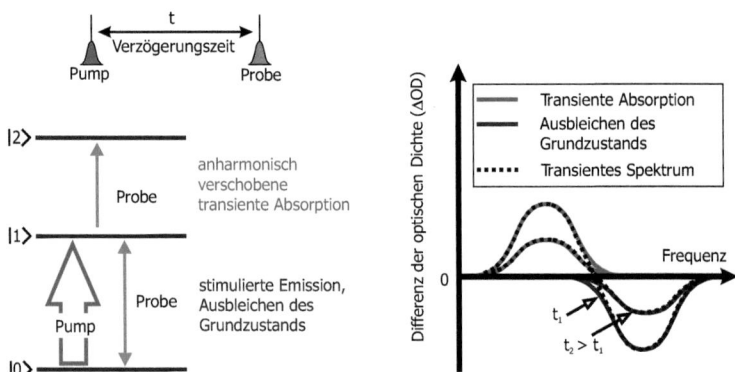

**Abbildung 2.10.**: Entstehung transienter Spektren; Links: Anregung des ersten Schwingungsnieveaus $|1\rangle$ eines anharmonischen Oszillators mit einem Pumppuls. Zeitverzögert dazu erfolgt eine Abfrage durch einen Probestrahl mit den Frequenzen $\nu_{0\to1}$ und $\nu_{1\to2}$; Rechts: Aus Pump-Probe-Messungen resultierendes transientes Spektrum zu zwei verschiedenen Verzögerungszeiten zwischen Anregung und Abfrage $t_1$ und $t_2$. Das transiente Spektrum besteht aus einem positiven Signalbeitrag der anharmonisch verschobenen Absorption aus $|1\rangle$ (rot) und einem negativen (Wiederbevölkerung des Grundzustands), der sich aus dem Ausbleichen des Grundzustands $|0\rangle$ und der stimulierten Emission aus $|1\rangle$ zusammensetzt (blau).

Die Signalbeiträge in einem transienten Spektrum sollen im Folgenden anhand einer willkürlichen anharmonischen Schwingung diskutiert werden, deren Termschema in Abbildung 2.10 auf der linken Seite dargestellt ist.
Ein Pumppuls mit $\nu_{0\to1}$ wird von einem Molekülensembel zum Zeitpunkt $t = 0$ teilweise absorbiert. Infolgedessen befinden sich einige Moleküle im ersten angeregten Schwingungszustand $|1\rangle$. Nach einer definierten Verzögerungszeit $t$ wird ein zweiter, im Vergleich zum Pumppuls intensitätsschwächer Nachweispuls eingestrahlt. Besitzt er dieselbe Frequenz $\nu_{0\to1}$ wie der Anregungspuls, können nun weniger Moleküle diesen Strahl absorbieren als vor der Anregung, da der Grundzustand teilentvölkert ist. Man erhält eine negative differentielle optische Dichte und spricht vom „Ausbleichen des Grundzustands". Zusätzlich induziert ein Probepuls mit $\nu_{0\to1}$ stimulierte Emission und Moleküle fallen von $|1\rangle$ auf

## 2.3. Schwingungsspektroskopie

$|0\rangle$. Dabei emittieren sie bei der Frequenz $\nu_{0\to1}$, was ebenfalls einen negativen Beitrag zur differentiellen optischen Dichte liefert. Entspricht die Frequenz des Probepulses gerade der des Übergangs von $|1\rangle$ nach $|2\rangle$, dann wird dieser von den Molekülen im teilbevölkerten ersten angeregten Zustand absorbiert und es resultiert eine positive differentielle optische Dichte. Das Signal wird als „transiente Absorption" bezeichnet.

Aufgrund der Schwingungsanharmonizität (s. Abschnitt 2.2.2) ist der Energieunterschied zwischen $|0\rangle$ und $|1\rangle$ größer als der zwischen $|1\rangle$ und $|2\rangle$, so dass die transiente Absorption niederfrequent gegenüber dem Ausbleichen des Grundzustands verschoben ist. Wäre dies nicht der Fall, würden sich die Signalbeiträge der stimulierten Emission, der transienten Absorption und des Ausbleichens des Grundzustands aufheben.

Zwei aus Pump-Probe-Messungen resultierende transiente Spektren sind in Abbildung 2.10 rechts skizziert. Der Bereich der transienten Absorption ist rot, während der des Ausbleichens und der stimulierten Emission blau dargestellt ist.

Nach der induzierten Besetzung des ersten angeregten Zustands geben die Moleküle ihre Anregungsenergie an die Umgebung ab und relaxieren wieder in den Grundzustand. Der Relaxationsprozess kann direkt verfolgt werden, indem zu verschiedenen Verzögerungszeiten $t$ zwischen Anregungs- und Nachweispuls ein transientes Spektrum aufgenommen wird. Längere Verzögerungszeiten werden durch eine längere Wegstrecke realisiert, die der Nachweispuls zurücklegen muss. In Abbildung 2.10 ist ein transientes Spektrum bei einer Verzögerungszeit $t_1$ im Vergleich zu einem bei einer längeren Verzögerungszeit $t_2$ schematisch dargestellt. Es ist zu erkennen, dass die rotverschobene transiente Absorption, das Ausbleichen des Grundzustands und die stimulierte Emission abklingen, da der Grundzustand mit zunehmender Verzögerung wiederbevölkert wird.

### 2.3.3. Spektroskopie an mehratomigen Molekülen

Eine Wiederbevölkerung des Grundzustandes muss nicht direkt nach Anregung erfolgen, sondern ein Teil der Anregungsenergie kann, wie in Abbildung 2.11 A dargestellt, auf eine weitere Schwingungsmode im Molekül abgegeben werden.

Um diesen Prozess zu beschreiben, ist eine weitere Quantenzahl nötig, so dass der Grundzustand mit $|00\rangle$, der erste angeregte Zustand mit $|10\rangle$ und der entsprechende Oberton mit

## 2. Grundlagen

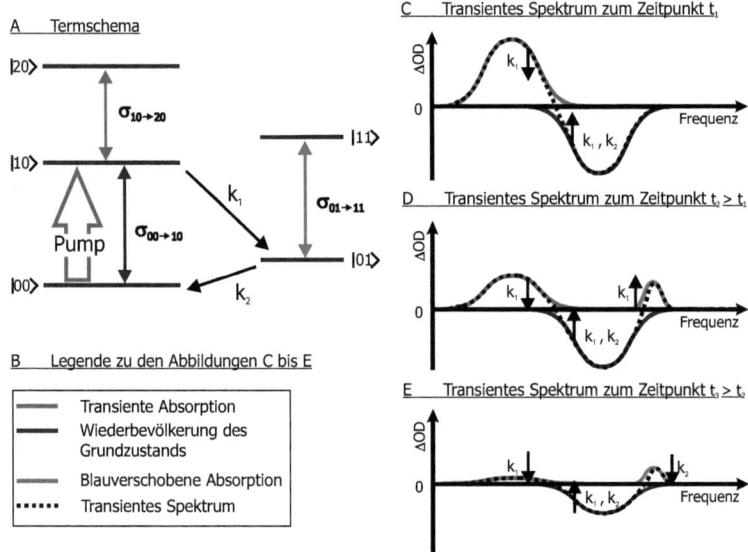

Abbildung 2.11.: Transiente Spektren für einen Relaxationsprozess mit zwei beteiligten Schwingungsmoden, $A$: Energieschema für zwei Schwingungen, Grundzustand $|00\rangle$, erster angeregter Zustand der Schwingung 1 $|10\rangle$, Oberton der Schwingung 1 $|20\rangle$, erster angeregter Zustand der Schwingung 2 $|01\rangle$, Kombination der ersten angeregten Zustände von Schwingung 1 und 2 $|11\rangle$, Absorptionskoeffizient für den Übergang zwischen $i$ und $j$ $\sigma_{i\to j}$, $B$: Legende der transienten Spektren C bis E; $C$: transientes Spektrum für eine kurze Verzögerungszeit zwischen Anregung und Abfrage $t_1$ mit den Zeitkonstanten $k_1$ und $k_2$, $D$: Für $t_2 > t_1$ erscheint eine zusätzliche transiente Absorption aus $|01\rangle$ blauverschoben gegenüber dem transienten Spektrum aus C unter der Annahme $\nu_{01\to 11} > \nu_{00\to 10}$, $E$: transientes Spektrum für $t_3 > t_2$.

28

## 2.3. Schwingungsspektroskopie

$|20\rangle$ bezeichnet wird. Der erste angeregte Zustand der zusätzlichen Schwingungsmode ist $|01\rangle$ und der Kombinationston aus beiden Schwingungen $|11\rangle$.
Für den anharmonischen Oszillator sind die Energielücken $|00\rangle \leftrightarrow |10\rangle$ und $|10\rangle \leftrightarrow |20\rangle$ verschieden. Daher liefern die Wiederbevölkerung des Grundzustands und die transiente Absorption Signalbeiträge zum transienten Spektrum bei unterschiedlichen Frequenzen. Durch die anharmonische Kopplung (vgl. Abschnitt 2.3) unterscheiden sich ebenfalls die Energielücken $|00\rangle \leftrightarrow |10\rangle$ und $|01\rangle \leftrightarrow |11\rangle$ voneinander. Demzufolge können die Besetzungen in $|00\rangle$, $|10\rangle$ und $|01\rangle$ unabhängig voneinander bei verschiedenen Probefrequenzen nachgewiesen werden.
Die zeitabhängigen transienten Spektren, die aus einem solchen Relaxationsschema resultieren könnten, sind schematisch in Abbildung 2.11 C bis E gezeigt. Bei der kurzen Verzögerungszeit $t_1$ tragen die transiente Absorption und die stimulierte Emission aus dem Zustand $|10\rangle$ sowie das Ausbleichen des Grundzustands $|00\rangle$ zum Spektrum bei (Abb. 2.11 C). Mit der Zeitkonstanten $k_1$ wird der Zustand $|01\rangle$ bevölkert und eine zusätzliche Absorption erscheint im transienten Spektrum, die in Abbildung 2.11 D unter der Annahme $\nu_{01\rightarrow 11} > \nu_{00\rightarrow 10}$ berücksichtigt ist.
Die drei Signalbeiträge – transiente Absorption (rot), Wiederbevölkerung des Grundzustands (blau) und blauverschobene Absorption (grün) – sind durch verschiedene Lebensdauern charakterisiert. Während die ersten beiden Komponenten relaxieren, wächst die für den Zustand $|01\rangle$ typische Absorption noch an, bevor sie auf der Zeitskala $k_2^{-1}$ abzuklingen beginnt.
Ein am Relaxationsprozess beteiligter zweiter Zustand ist somit direkt aus den transienten Spektren abzulesen. Das beschriebene, komplexe Abklingverhalten unterscheidet sich deutlich von dem der transienten Spektren in Abbildung 2.10 für die Schwingungsrelaxation einer einzigen Mode.

### 2.3.4. Zweidimensionales Pump-Probe-Experiment

Zweidimensionale Pump-Probe-Messungen ermöglichen die Untersuchung von anharmonischen Kopplungen zwischen Schwingungen eines Moleküls, die in Abbildung 2.12 auf der linken Seite anhand eines Termschemas dargestellt sind. Die 2D-Spektroskopie im mittleren

## 2. Grundlagen

infraroten Spektralbereich wird in dieser Arbeit durch ein Doppelresonanz-Experiment mit frequenzselektiven Anregungspulsen[67–72] realisiert. Hierbei handelt es sich um ein Pump-Probe-Experiment (vgl. S. 23) mit schmalbandiger Anregung im Frequenzbereich der zu untersuchenden Schwingungsbande. Die Anregungsfrequenz wird über die Schwingungsresonanz des Moleküls variiert und liefert die y-Achse des 2D-Spektrums, welches in Abbildung 2.12 rechts dargestellt ist. Zu einer gegebenen Verzögerungszeit erfolgt die Aufnahme des transienten IR-Spektrums mit der Probefrequenz als x-Achse.

Nachfolgend wird das in Abbildung 2.12 schematisch dargestellte 2D-IR-Spektrum sowie das dazugehörige Termschema erläutert. Auf der linken Seite der Abbildung sind der gemeinsame Grundzustand $|00\rangle$, die beiden ersten angeregten Zustände $|10\rangle$ und $|01\rangle$, sowie die zweiten angeregten Zustände $|20\rangle$ und $|02\rangle$ zweier gekoppelter Oszillatoren dargestellt. Es wurden für beide Oszillatoren unterschiedliche Anharmonizitäten $\Delta_1$ und $\Delta_2$ gewählt, die auch als Diagonal-Anharmonizitäten bezeichnet werden.

Das Kombinationsquant $|11\rangle$ ist in Abbildung 2.12 energetisch tiefer als die einfache Summenenergie der Eigenwerte ungekoppelter Oszillatoren* eingezeichnet. Die anharmonische Kopplung beider Schwingungen miteinander verursacht diesen Energieunterschied, der im Folgenden als Nichtdiagonal-Anharmonizität bezeichnet wird. Die Stärke der Nichtdiagonal-Anharmonizität ist mit $\Delta_{12}$ angegeben.

Durch schmalbandige Anregung mit der Frequenz $\nu_1$ wird selektiv in $|10\rangle$ eine Besetzung erzeugt. Folglich detektiert der Nachweispuls mit $\nu_1$ das Ausbleichen des Grundzustands im 2D-IR-Spektrum (① in Abb. 2.12). Die entsprechende Bande liegt auf der eingezeichneten Diagonale $\nu_{\text{pump}} = \nu_{\text{probe}}$, auf der Pump- und Probefrequenzen identisch sind. Wie beim klassischen Pump-Probe-Experiment erscheint also das Ausbleichen der Fundamental-Bande, nachdem diese angeregt wurde. Dementsprechend ist das Vorzeichen der differentiellen optischen Dichte negativ und die Bande blau dargestellt. Zum Ausbleichen ① anharmonisch um $\Delta_1$ entlang der Probefrequenzachse verschoben, findet sich die transiente Absorption ③. Ihre differentielle optische Dichte besitzt ein positives Vorzeichen und ist im 2D-Spektrum in Abbildung 2.12 rot eingezeichnet.

---

* $E(|11\rangle) < E(|10\rangle) + E(|01\rangle)$, vgl. Seite 20

## 2.3. Schwingungsspektroskopie

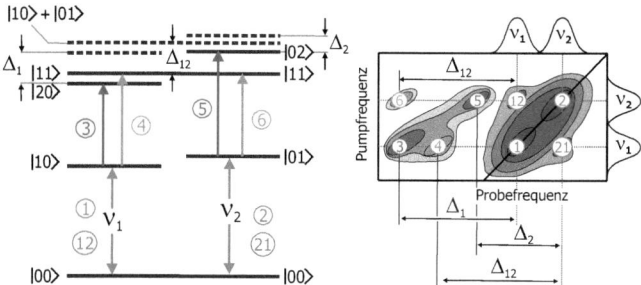

Abbildung 2.12.: Kopplung zweier anharmonischer Oszillatoren (links) und resultierendes 2D-IR-Spektrum (rechts) zu einer gegebenen Verzögerungszeit zwischen Anregung und Abfrage; ①, ②, ③, ④, ⑤, ⑥, ⑫ und ㉑ bezeichnen Übergänge im Termschema und resultierende Banden im 2D-IR-Spektrum; $\Delta_1$, $\Delta_2$: Diagonal-Anharmonizitäten; $\Delta_{12}$: Nichtdiagonal-Anharmonizität

Aufgrund der Nichtdiagonal-Anharmonizität $\Delta_{12}$ wird ein Übergang von $|10\rangle$ in den Zustand $|11\rangle$ nachweisbar, der als Nichtdiagonalabsorption ④ im 2D-IR-Spektrum erscheint.* Der Grundzustand $|00\rangle$ ist für beide gekoppelten, anharmonischen Oszillatoren identisch, so dass ein Grundzustandsausbleichen auch bei der Frequenz $\nu_2$ anhand der blau dargestellten Nichtdiagonalbande ㉑ im 2D-Spektrum sichtbar wird. Die Frequenzlage der Nichtdiagonalbande ㉑ im Vergleich zu ④ liefert den Wert der Nichtdiagonal-Anharmonizität $\Delta_{12}$. Entsprechend bilden sich nach Anregung mit $\nu_2$ die Banden ②, ⑤, ⑥ und ⑫ aus.

Durch die Aufnahme von 2D-IR-Spektren zu verschiedenen Verzögerungszeiten zwischen Anregungs- und Nachweispuls kann außerdem die Dynamik der Energierelaxation[†], der spektralen Diffusion und des chemischen Austauschs bestimmt werden.

### 2.3.5. Chemischer Austausch und spektrale Diffusion

Die Bedeutung des chemischen Austausches in der 2D-IR-Spektroskopie soll anhand eines Beispiels erklärt werden. Zu diesem Zweck seien Messungen von Fayer und Mitarbei-

---
*Ohne $\Delta_{12}$ würden sich die Signalbeiträge von $|10\rangle$, $|01\rangle$ und $|11\rangle$ aufheben (vgl. Abschnitt 2.3.3).
[†]Diese beinhaltet beispielsweise die Lebensdauern der Zustände $|10\rangle$ und $|01\rangle$.

## 2. Grundlagen

tern[73] gewählt, welche die Dissoziation eines Komplexes aus deuteriertem Phenol (PhOD) und Benzol untersucht haben. Sowohl die Struktur des Dimers als auch das Absorptionsspektrum von PhOD im OD-Streckschwingungsbereich ist in Abbildung 2.13 dargestellt. Die OD-Streckschwingung des Komplexes beträgt $2633\,\text{cm}^{-1}$ und die des freien Phenols $2666\,\text{cm}^{-1}$. Bei Raumtemperatur liegt ein dynamisches Gleichgewicht zwischen gebunde-

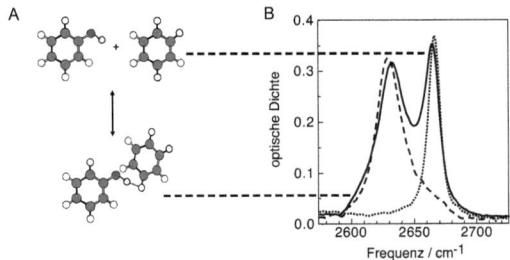

Abbildung 2.13.: *A*: Komplex zwischen deuteriertem Phenol und Benzol, *B*: Absorptionsspektrum von PhOD in Benzol im OD-Streckschwingungsbereich nach Zheng et al.[73]; die OD-Absorption des Komplexes ist $2633\,\text{cm}^{-1}$ und die des freien Phenols $2666\,\text{cm}^{-1}$

nem und freiem Phenol vor. Es findet also ein ständiger Wechsel zwischen beiden Bindungsmöglichkeiten statt, bei dem sich gleichzeitig die Absorptionsfrequenz ändert. Da es sich bei dem in Abbildung 2.13 gezeigten Absorptionsspektrum um eine stationäre Messung handelt, wird dieser dynamische Effekt nicht sichtbar.
Hingegen markiert im 2D-IR-Experiment ein schmalbandiger Pumppuls eine der beiden Spezies zum Zeitpunkt $t = 0$ und der Nachweispuls detektiert ihre Absorptionsfrequenz nach einer Verzögerungszeit $t$. Unmittelbar nach der Anregung ist im 2D-IR-Spektrum in Abbildung 2.14 B das Ausbleichen der Fundamentalbande (blau) und die dazu anharmonisch verschobene transiente Absorption (rot) zu erkennen. Die Phenolmoleküle absorbieren also den Probestrahl bei der Frequenz, bei der sie markiert wurden. Bei einer Verzögerungszeit von 5 ps haben sich komplexierte Phenole vom Benzol gelöst und absorbieren den Probepuls bei einer „neuen" Frequenz, die sich von der Markierungsfrequenz unterscheidet. Diese „neue" Frequenz entspricht der OD-Resonanzfrequenz des freien Phenols von $2666\,\text{cm}^{-1}$. Ebenfalls sind ehemals freie PhOD-Moleküle in Wechselwirkung mit ei-

## 2.3. Schwingungsspektroskopie

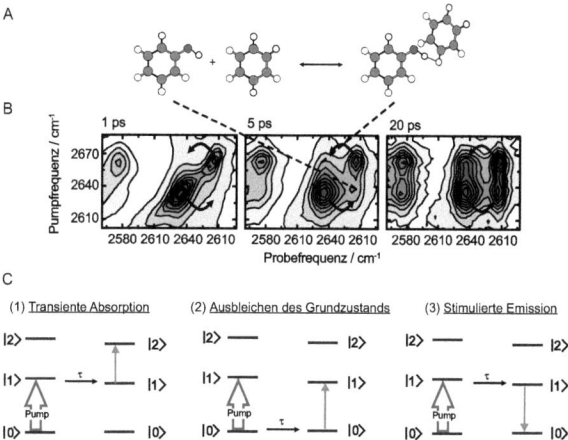

Abbildung 2.14.: A: Struktur des freien und des gebundenen PhODs, B: 2D-IR-Spektren nach Bredenbeck[74] bei 1 ps, 5 ps und 20 ps nach der Anregung, C: Entstehung der Nichtdiagonalbanden durch chemischen Austausch, der mit der Lebensdauer $\tau$ erfolgt: nach der Anregung des unkomplexierten PhODs treten im Probefrequenzbereich des komplexierten PhODs (1) transiente Absorption von $|1\rangle$ nach $|2\rangle$, (2) Ausbleichen des Grundzustands und (3) stimulierte Emission aus $|1\rangle$ als Nichtdiagonalbanden auf.

nem Benzol getreten und besitzen nun eine veränderte OD-Schwingungsfrequenz. Daraus resultieren Nichtdiagonalbanden des Ausbleichens und der transienten Absorption im 2D-IR-Spektrum bei 5 und 20 ps. Diese entstehen also nach einer gewissen Verzögerungszeit im Unterschied zu denen, die durch eine anharmonische Kopplung hervorgerufen werden und unmittelbar nach der Anregung auftreten (vgl. Abschnitt 2.3.4).

Allgemein tragen zu einem 2D-IR-Spektrum die transiente Absorption, die stimulierte Emission und das Ausbleichen des Grundzustands bei. Die Wirkung des chemischen Austausches auf diese drei Prozesse ist in Abbildung 2.14 B anhand eines Termschemas für zwei anharmonische Oszillatoren ohne anharmonische Kopplung dargestellt.

## 2. Grundlagen

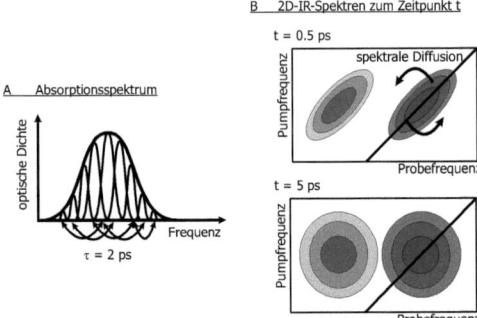

Abbildung 2.15.: *A*: Absorptionsspektrum einer willkürlichen OH-Streckschwingung, *B*: Auswirkung der spektralen Diffusion der Bande aus Abbildung A im 2D-IR-Experiment

Findet der chemische Austausch zwischen einer großen Anzahl von Frequenzen statt, wie beispielsweise bei der breiten Absorptionsbande von Wasser, die aus vielen verschiedenen wasserstoffverbrückten OH-Oszillatoren besteht, so handelt es sich um spektrale Diffusion. Meist impliziert dieser Begriff, dass sich die ineinander umwandelnden Frequenzen wenig unterscheiden.
In Abbildung 2.15 A ist ein willkürliches Absorptionsspektrum dargestellt, dessen Bande von der spektralen Diffusion beeinflusst wird. Die entsprechenden 2D-IR-Spektren für verschiedene Verzögerungszeiten sind in Abbildung 2.15 B skizziert. Unmittelbar nach der Anregung sind typischerweise die Diagonalbande und die dazu anharmonisch verschobene Absorption zu sehen. Nach einer Verzögerungszeit von 5 ps ist aufgrund der spektralen Diffusion die ehemalige Information der Markierung verloren gegangen und somit auch die diagonale Ausrichtung der Banden.[75]

## 2.4. Theoretische Rechnungen

In dieser Arbeit werden theoretische Berechnungen zitiert, die von Vöhringer[76] durchgeführt wurden. Zum Verständnis soll hier ein kurzer Überblick über die verwendeten Methoden gegeben werden.

### 2.4.1. Molekularmechanische Methoden

Durch Molekülmechanische-Rechnungen (MM-Rechnungen) werden Molekülgeometrien und -energien auf der Basis eines klassisch-mechanischen Ansatzes beschrieben.[77] Hierbei werden die Atome als durch Federn verbundene Massenpunkte angenommen. Elektronen und Kerne werden nicht explizit behandelt. Für die Bindungsabstände und -winkel („bonding terms") werden experimentelle Werte als Startgeometrie eingesetzt, denen durch die Verwendung von Potentialfunktionen, den so genannten Kraftfeldern, gewisse Abweichungen erlaubt sind. Außerdem kann ein Kraftfeld Wechselwirkungen zwischen nichtgebundenen Atomen erfassen, beispielsweise durch die Berücksichtigung von Coulomb-Potentialen und van-der-Waals-Wechselwirkungen („non-bonding terms").
Das für diese Arbeit relevante AMBER-Kraftfeld*[78]

$$V_{\text{total}} = \sum_{\text{Bindungen}} \frac{1}{2} k_r (r - r_0)^2 + \sum_{\text{Winkel}} k_\theta (\theta - \theta_0)^2 + \sum_{\text{Torsionen}} \frac{V_n}{2} [1 + \cos(n\phi - \phi_0)]$$
$$+ \sum_i \sum_{j>i} \left( \epsilon_{i,j} \left[ \left(\frac{\sigma_{ij}}{r_{ij}}\right)^{12} - 2 \left(\frac{\sigma_{ij}}{r_{ij}}\right)^6 \right] + \frac{q_i q_j}{4\pi\varepsilon_0 r_{ij}} \right) \quad (2.46)$$
$$+ \sum_i \sum_{j>i} \epsilon_{ij} \left[ 5 \left(\frac{C_{ij}}{R_{ij}}\right)^{12} - 6 \left(\frac{C_{ij}}{R_{ij}}\right)^{10} \right].$$

ist neben vielen weiteren (MMFF[79], CHARMM[80]) eine funktionelle Form, um das Kraftfeld eines Moleküls aus einzelnen Beiträgen darzustellen. Die erste Summe beschreibt alle kovalenten Bindungen im Molekül mit ihren Kraftkonstanten $k_r$ und Auslenkungen $r - r_0$ aus dem Gleichgewichtsabstand $r_0$. Bindungswinkeländerungen $\theta - \theta_0$ mit den jeweiligen

---
*Assisted Model Building with Energy Refinement

Kraftkonstanten $k_\theta$ berücksichtigt der zweite Term. Der Diederwinkel $\phi - \phi_0$ ist ebenfalls im AMBER-Kraftfeld vorhanden. Hierbei ist $V_n$ die Rotationsbarriere, um beispielsweise eine *cis-* in eine *trans*-Konformation zu ändern.

Die erste Doppelsumme in Gleichung 2.46 besitzt die Form eines Lennard-Jones-Potentials (van-der-Waals WW) in Addition mit einem Coulomb-Potential (elektrostatische 1-4-WW) und charakterisiert die Wechselwirkungen zwischen nicht kovalent gebundenen Atomen. Hierbei ist $\sigma_{ij}$ der Gleichgewichtsabstand, $\epsilon_{ij}$ die Nullpunktsenergie, $r_{ij}$ der jeweilige Abstand und $q_i$ bzw. $q_j$ die Atomladung.

Optional können Wasserstoffbrückenbindungen durch Addition der letzten Doppelsumme berücksichtigt werden. Das entsprechende Potential relaxiert schneller auf Null als das Lennard-Jones-Potential. Hierbei ist der Gleichgewichtsabstand $C_{ij}$ und die Länge der H-Brücke $R_{ij}$.

Die Potentialfunktion in Gleichung 2.46 wird nach den Ortskoordinaten der Atome abgeleitet und die auf jedes Atom wirkenden Kräfte werden erhalten. Durch numerische Variation der Koordinaten können die Nullstellen der Ableitung gesucht und gleichzeitig die Molekülstruktur optimiert werden. Je nach Wahl der Startparameter kann es sich bei dem nächstliegenden Minimum um ein lokales oder ein globales Minimum auf der Potentialhyperfläche handeln. Daher werden verschiedene Algorithmen[81] verwendet, um möglichst das globale Minimum zu finden, da dieses der energieoptimierten Struktur des Moleküls entspricht. Aus molekularmechanischen Rechnungen ergibt sich somit eine gute Näherung der Struktur, die durch quantenmechanische Rechnungen verbessert werden kann.

## 2.4.2. Dichtefunktionaltheorie

Das prinzipielle Vorgehen bei quantenmechanischen Näherungsrechnungen ist im Anhang A beschrieben. Im Folgenden soll die Dichtefunktionaltheorie (DFT) kurz erläutert werden, denn dieses Rechenverfahren ist für die vorliegende Arbeit relevant. Ihr Vorteil gegenüber anderen Methoden besteht darin, dass Elektronenkorrelationen relativ einfach berücksichtigt werden und der Rechenaufwand für große Moleküle deutlich kleiner ist, da anstelle von Wellenfunktionen (vgl. Anhang S. 123) Elektronendichten verwendet werden.

## 2.4. Theoretische Rechnungen

Die Wahrscheinlichkeit, ein beliebiges Elektron in $d\vec{r}_1$ zu finden, ist durch die Elektronendichte

$$\rho(\vec{r}) = n \int \cdots \int |\psi(\vec{x}_1, \vec{x}_2, \ldots, \vec{x}_n, s_1)|^2 \, ds_1 \, dx_1 \ldots dx_{(n-1)}, \qquad (2.47)$$

gegeben. Hierbei besitzen alle Elektronen einen beliebigen Spin und das Integral

$$\int \rho(\vec{r}) d\vec{r} = n \qquad (2.48)$$

ergibt die Anzahl der vorhandenen Elektronen $n$. Für einen unendlichen Abstand zum Kern geht die Elektronendichte gegen Null

$$\rho(\vec{r} \to \infty) = 0. \qquad (2.49)$$

Die zentrale Idee der Dichtefunktionaltheorie ist, dass die Elektronendichte $\rho_0$ nach dem ersten Hohenberg-Kohn-Theorem eindeutig die Grundzustandsenergie $E_0$ sowie alle weiteren Eigenschaften des Systems bestimmt. Die Grundzustandsenergie ist damit ein eindeutiges Funktional* von $\rho(\vec{r})$:

$$E_0 = E_\nu[\rho_0] = \overline{T}[\rho_0] + \overline{V}_{Ne}[\rho_0] + \overline{V}_{ee}[\rho_0]. \qquad (2.50)$$

Die Schreibweise $\overline{X}[\rho_0]$ bezeichnet das Funktional $\overline{X}$ von $\rho_0$. Die kinetische Energie ist $\overline{T}$, die Kern-Elektron-Wechselwirkung $\overline{V}_{Ne}$ und die Elektron-Elektron-Wechselwirkung $\overline{V}_{ee}$. Für fixierte Kernpositionen ist $\overline{V}_{Ne}[\rho_0]$ bekannt:

$$\overline{V}_{Ne}[\rho_0] = \left\langle \psi_0 \left| \sum_{i=1}^{n} v(r_i) \right| \psi_0 \right\rangle = \int \rho_0(r) v(r) \, dr. \qquad (2.51)$$

Die Anziehung der Kerne für das Elektron $i$ an der Stelle $r$ wird mit $v(r_i)$ angegeben und ist proportional zu dem Kehrwert der Kern-Elektronabstände $r_{Ii}$:

$$v(r_i) = -\sum_{I=1}^{N} \frac{Z_I}{r_{Ii}}. \qquad (2.52)$$

---

*Kann jeder Funktion aus einer bestimmten Funktionenklasse eine reelle Zahl zugeordnet werden, handelt es sich um ein Funktional.

## 2. Grundlagen

Die Anzahl der Kerne ist $N$ und die Kernladungszahl des $I$-ten Kerns ist $Z_I$.

Nach dem zweiten Kohn-Sham-Theorem existiert ein Energiefunktional, dass durch die korrekte Dichte $\rho(\vec{r})$ minimiert wird. Unter Verwendung des Variationsprinzips ergibt sich:

$$E_0 = E_\nu[\rho_0] \leq \frac{\langle \psi_{\text{tr}} | \hat{H} | \psi_{\text{tr}} \rangle}{\langle \psi_{\text{tr}} | \psi_{\text{tr}} \rangle} = \overline{T}[\rho_{\text{tr}}] + \overline{V}_{\text{ee}}[\rho_{\text{tr}}] + \int \rho_0(r) v(r) \, \mathrm{d}r. \qquad (2.53)$$

Die beiden Funktionale $\overline{T}[\rho_0]$ und $\overline{V}_{\text{ee}}[\rho_0]$ bleiben aber unbekannt.
Bisher ist es nicht möglich $E_0$ aus $\rho_0$ zu berechnen oder $\rho_0$ überhaupt zu bestimmen. Beides wird mit der Kohn-Sham-Methode realisiert. Diese Methode geht von einem fiktivem Referenzsystem aus, dass aus $n$ nicht wechselwirkenden Elektronen besteht, auf die alle dasselbe Potential $v_s(r_i)$ wirkt. Wobei $v_s(r_i)$ dazu dient, die Elektronendichte des fiktiven Systems $\rho_s(r)$ der exakten Grundzustandsdichte $\rho_0$ anzupassen. Somit ist der Hamiltonoperator des Referenzsystems:

$$\hat{H}_s = \sum_{i=1}^{n} -\frac{1}{2}\Delta_i + v_s(r_i) \equiv \sum_{i=1}^{n} \hat{h}_i^{KS} \qquad (2.54)$$

und $\hat{h}_i^{KS}$ wird als Ein-Elektron Kohn-Sham-Operator bezeichnet. Da das Referenzsystem $s$ aus nichtwechselwirkenden Teilchen besteht, für die das Antisymmetrieprinzip erfüllt sein muss, kann die Wellenfunktion des Grundzustands $\Psi_{s,0}$ durch die Slaterdeterminate (SD) angegeben werden:

$$\Psi_{s,0} = |u_1 u_2 \cdots u_n| \qquad (2.55)$$
$$\text{mit} \qquad u_i = \theta_i^{KS}(r_i)\,\sigma_i. \qquad (2.56)$$

Hierbei sind die Kohn-Sham-Spinorbitale des Referenzsystems $u_i^{KS}$ mit der Spinfunktion $\sigma_i$ (entweder $\alpha$- oder $\beta$-Spin) und dem Raumorbital $\theta_i^{KS}(r_i)$. Für einen geschlossenschaligen Grundzustand sind zwei Elektronen mit unterschiedlichem Spin in demselben Kohn-Sham-Orbital gepaart. Das Eigenwertproblem ist dann

$$\hat{h}_i^{KS}\theta_i^{KS} = \varepsilon_i^{KS}\theta_i^{KS} \qquad (2.57)$$

## 2.4. Theoretische Rechnungen

mit der Kohn-Sham-Orbitalenergie* $\varepsilon_i^{KS}$.
Die Elektronendichte ist durch die Kombination von Gleichung 2.47 mit 2.56 gegeben mit:

$$\rho = \rho_s = \sum_{i=1}^{n} |\theta_i^{KS}|^2. \qquad (2.58)$$

Die wahre kinetische Energie

$$\overline{T}[\rho] = \Delta \overline{T}[\rho] + \overline{T}_s[\rho] \qquad (2.59)$$

besteht nach der Kohn-Sham-Methode aus einem unbekannten Anteil $\Delta\overline{T}[\rho]$ und der eines nichtwechselwirkenden Systems $\overline{T}_s[\rho]$. Die Elektron-Elektron-Wechselwirkung $\overline{V}_{ee}[\rho]$ setzt sich entsprechend aus dem bekannten Coulombpotential für die Abstoßung zwischen zwei Elektronen und dem unbekannten Teil $\Delta\overline{V}_{ee}[\rho]$ zusammen, der aus Austausch- und Korrelationsenergie der Elektronen besteht:

$$\overline{V}_{ee}[\rho] = \Delta\overline{V}_{ee} + \frac{1}{2}\int\int \frac{\rho(r_1)\rho(r_2)}{r_{12}}\,\mathrm{d}r_1\mathrm{d}r_2. \qquad (2.60)$$

Die beiden unbekannten Funktionale werden als sogenanntes Austausch- und Korrelationfunktional

$$E_{XC}[\rho] \equiv \Delta\overline{T}[\rho] + \Delta\overline{V}_{ee}[\rho] \qquad (2.61)$$

zusammengefasst. Dieses kann über Funktionale†, die verschiedene Näherungen enthalten, angegeben werden.

In der lokalen Dichte-Näherung (LDA: Local Density Approximation) ist das Austausch-Korrelationsfunktional

$$E_{XC}^{\mathrm{LDA}}[\rho] = \int \rho(\vec{r})\varepsilon_{XC}\left(\rho(\vec{r})\right)\mathrm{d}\vec{r}. \qquad (2.62)$$

---

*Die Orbitalenergie entspricht keiner realen Energie. Sie kann nur als Vergleichswert zwischen zwei DFT-Rechnungen verwendet werden.
†Hier verwendet: BP86 [82,83]

## 2. Grundlagen

Die Austausch-Korrelationsenergie $\varepsilon_{XC}$ ist die eines Elektrons im homogenen Elektronengas der Dichte $\rho$. Aus dem Zusammenhang

$$v_s = \frac{\delta E_{XC}}{\delta \rho} \qquad (2.63)$$

ergibt sich direkt der Wert für $v_s$.
Auf der Stufe der gradientenkorrigierten Näherung (GGA: Generalized Gradient Approximation) ist das Funktional außer von der Dichte zusätzlich von dessen Gradienten $\nabla \rho$ abhängig.

Paar und Yang zeigten, dass die Kohn-Sham-Orbitale die Gleichungen

$$\left[ -\frac{1}{2}\Delta_1 + v_s(1) \right] \theta_i^{KS}(1) = \varepsilon_i^{KS} \theta_i^{KS}(1) \qquad (2.64)$$

$$\hat{h}^{KS}(1)\theta_i^{KS}(1) = \varepsilon_i^{KS} \theta_i^{KS}(1) \qquad (2.65)$$

erfüllen. Eine DFT-Rechnung ist somit selbstkonsistent lösbar, indem eine Startdichte für $\rho$ gewählt wird. Anschließend ist Gleichung 2.65 zu berechnen, indem $\theta_i^{KS}$ durch mehrere Exponentialfunktionen, den so genannten Basisfunktionen, angenähert wird.[*] Durch Einsetzen von $\theta_i^{KS}$ in Gleichung 2.58 wird eine neue, verbesserte Elektronendichte $\rho$ erhalten, aus der sich ein neues $v_s$ ergibt.

### 2.4.3. Molekulardynamische Langevin-Simulationen

Durch molekulardynamische Simulationen (MD-Simulationen) werden Systemeigenschaften aus den Trajektorien eines Moleküls unter Annahme der Ergodenhypothese[†] berechnet. Zur Bestimmung der Trajektorien wird angenommen, dass sich starre Moleküle mit einer

---

[*]Jedes Molekülorbital $\psi_i$ ist über die Linearkombinationen bekannter Basisfunktionen $\phi_\mu$ darstellbar: $\psi_i = \sum_\mu c_{\mu i}\phi_\mu$, wobei die Koeffizienten $c_{\mu i}$ zu bestimmen sind und alle Funktionen $\phi_\mu$ als Basissatz bezeichnet werden. Die gewählten Funktionen für $\phi_\mu$ sind gaussförmig und in karthesischen Koordinaten angegeben. Hier wird der Basissatz TZVPP[84] (triple-$\zeta$ Valence plus Polarization) verwendet.
[†]$\bar{A}(t) = \langle A \rangle$, d.h. Zeitmittel = Scharmittel

## 2.4. Theoretische Rechnungen

Masse $m$ in einer Flüssigkeit unter dem Einfluss zufälliger (stochastischer) Kräfte $f(t)$ bewegen:

$$F = m\dot{v} = -m\zeta v + f(t). \quad (2.66)$$

Diese Langevin-Bewegungs-Gleichung ist aus dem zweiten Newton'schen Gesetz mit dem Reibungskoeffizient $\zeta$ und der Beschleunigung $\dot{v}$ erhältlich. Für einen Beobachtungszeitraum, der wesentlich größer als der zwischen zwei Stößen ist, kann

$$\langle f(t)f(t')\rangle = \lambda \delta(t - t') \quad (2.67)$$

angegeben werden. Hierbei ist $\delta(t - t')$ die Delta-Funktion und $\lambda$ ein Maß für die quadratische Standardabweichung von $f(t)$. Durch Lösen der Bewegungsgleichung 2.66 mithilfe der retardierten Green'schen Funktion[85] und der Bedingung, dass das System in sein thermisches Gleichgewicht relaxiert, erhält man die Einstein-Beziehung

$$\lambda = 2\zeta m k_B T. \quad (2.68)$$

Die Größe $\zeta$ kann über die Diffusionskonstante

$$D = \frac{k_B T}{\zeta m} \quad (2.69)$$

berechnet werden. Hierbei besitzt $\zeta^{-1}$ die Bedeutung einer Relaxationszeit.

Auf nicht starre Moleküle, die sich in einem Lösungsmittel bewegen, wirkt ein Potential

$$K(x) = -\frac{\partial V}{\partial x}. \quad (2.70)$$

Die Langevin-Gleichung 2.66 lautet dann

$$m\dot{v} = -m\zeta v + K(x) + f(t). \quad (2.71)$$

Eine Möglichkeit H-Brücken in $K(x)$ zu berücksichtigen, bietet das AMBER-Kraftfeld, dass in Gleichung 2.46 angegeben ist. Für diese Gleichung wird die Gleichgewichtsgeome-

## 2. Grundlagen

trie des Moleküls benötigt, die beispielsweise aus einer Strukturoptimierung in klassischen Kraftfeldern erhältlich ist.

Um eine Trajektorie zu berechnen bzw. Gleichung 2.71 zu lösen, wird der Velocity-Verlet-Algorithmus[86] verwendet, der auf einer einer Taylor-Entwicklung

$$\vec{x}(t + \Delta t) = \vec{x}(t) + \vec{v}(t)\Delta t + \frac{1}{2}\vec{a}(t)\left(\Delta t\right)^2 \quad (2.72)$$

$$\vec{v}(t + \Delta t) = \vec{v}(t) + \frac{\vec{a}(t) + \vec{a}(t + \Delta t)}{2}\Delta t \quad (2.73)$$

der Position $\vec{x}(t)$ basiert. Zuerst wird die Abhängigkeit $\vec{x}(t + \Delta t)$ berechnet und im Anschluss $\vec{v}(t + \Delta t)$, wobei $\vec{a}(t + \Delta t)$ mit dem AMBER-Potential aus Gleichung 2.46 erhalten wird:

$$\begin{aligned}\vec{a}(t + \Delta t) &= -\frac{\nabla V\left(\vec{x}(t + \Delta t)\right)}{m} \\ &= \frac{\vec{F}(t + \Delta t)}{m}.\end{aligned} \quad (2.74)$$

Hierbei ist $\nabla$ der Nabla-Operator*, $v$ die Geschwindigkeit und $a$ die Beschleunigung.

Die Bewegung eines Moleküls ist abhängig von der Temperatur $T$ und sollte der Maxwell-Geschwindigkeitsverteilung gehorchen. Der einfachste Weg die Temperatur eines Systems in einer Langevin-Rechnung zu kontrollieren, ist die Geschwindigkeit $v$ zu jedem Simulationszeitpunkt $\Delta t$ zu skalieren†:

$$v^{\text{neu}} = \lambda v \quad (2.75)$$

$$\lambda = \left[1 + \frac{\Delta t}{\tau}\left(\frac{T_0}{T} - 1\right)\right]^{1/2}. \quad (2.76)$$

Hierbei ist $T_0$ die Temperatur eines fiktiven Wärmebads und $\tau$ der Kopplungsparameter zwischen System und Bad. Die Größe $\tau$ besitzt die Einheit der Zeit und wird üblicherweise im Femtosekundenbereich gewählt. Sie kann insofern auch als die Anzahl der Geschwindigkeitsskalierungen zwischen zwei Kalkulationspunkten aufgefasst werden.

---
*Erste Ableitung nach dem Ort.
†Diese Methode wird als Berendsen Thermostat bezeichnet.

# 3. Experimentelle Techniken

## 3.1. Aufbau des Pump-Probe-Experiments

In dieser Arbeit werden zeitaufgelöste fs-Absorptionsmessungen mit einem Aufbau durchgeführt, der in Abbildung 3.1 dargestellt ist. Die Lichtquelle des Pump-Probe-Aufbaus ist ein Titan-Saphir-Laser (Ti:Sa-Laser, CPA-2001, Clark-MXR), der Pulse mit einer Wellenlänge von 775 nm, einer Wiederholrate von 1 kHz, einer mittleren Energie von 800 mJ und einer Pulsdauer von 200 fs liefert. Der Ti:Sa-Laser pumpt zwei optisch-parametrische Verstärker (OPA) mit anschließender Differenzfrequenzerzeugung (DFG) in einem Intensitätsverhältnis von 2:1, so dass Pulse im mittleren infraroten Spektralbereich von 2.4 bis 8 μm mit einer Bandbreite von etwa 120 cm$^{-1}$ erhalten werden.[33,87] Der Strahl mit größerer Leistung wird als Pump- und der mit geringerer als Probstrahl verwendet, von welchem 50 % als Referenzstrahl abgetrennt werden. Der Referenzstrahl steht nicht in zeitlicher Resonanz mit dem Pumpstrahl und ist daher ein Maß für eine Absorption der Moleküle ohne Anregung. Die Probstrahlintensität wird durch eine Kombination aus Halbwellen-Verzögerungsplatte ($\lambda/2$-Platte) und Polarisator auf höchstens 10 % der Pumpstrahlintensität eingestellt.

Der Pumpstrahl wird über eine verstellbare Schrittmotorbühne (Nanomover, Melles Griot) und durch eine $\lambda/2$-Platte geführt, welche die Polarisation des Pumpstrahls bezüglich des Probstrahls auf den magischen Winkel* von 54.7° dreht.
Ein Parabolspiegel (Janos Technology, effektive Brennweite $f_{\text{eff}} = 100\,\text{mm}$) fokussiert Pump-, Probe- und Referenzstrahl in eine Zelle. Hinter ihr werden die Strahlen mit einem

---
*Bei diesem Winkel spielt die Rotationsdiffusion keine Rolle.

## 3. Experimentelle Techniken

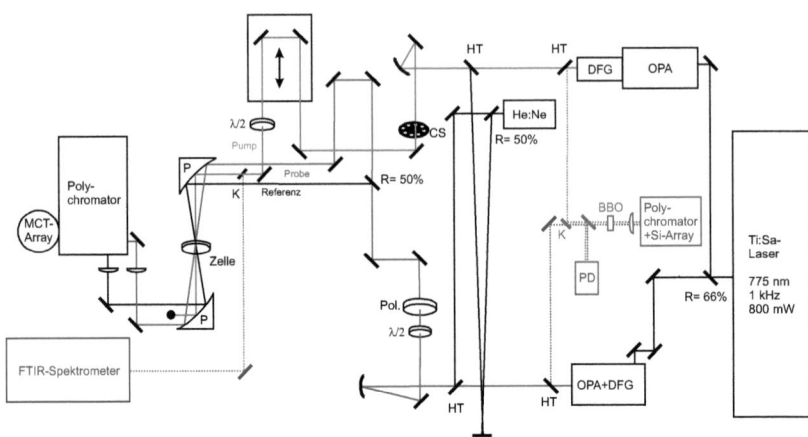

Abbildung 3.1.: Aufbau des Pump-Probe-Experiments; BBO: nichtlinearer β-Bariumborat-Kristall, CS: Chopperscheibe, DFG: Differenzfrequenzerzeugung, He:Ne: Helium-Neon-Laser, HT: hoch transmittierend für DFG, K: Klappspiegel, λ/2: Halbwellen-Verzögerungsplatte, MCT-Array: zweizeiliger Detektor, OPA: optisch-parametrischer Verstärker, P: 45° Parabolspiegel, PD: Photodiode, Pol.: Polarisator, R: Strahlteiler mit x% Reflektivität.

weiteren Parabolspiegel (Janos Technology, effektive Brennweite: $f_{\text{eff}} = 100\,\text{mm}$) kollimiert. Verbleibendes Pumplicht wird abgeblockt, Probe- und Referenzstrahl mit zwei $CaF_2$-Linsen in einen Polychromator (AMKO) fokussiert und anschließend auf einen zweizeiligen Detektor (MCT-Zeilendetektor: InfraRed Associates, MCT-6400, $2 \cdot 32$-Pixel à $0.5 \cdot 2.5\,\text{mm}^2$) abgebildet. Dieser Detektor misst ein Spektrum $I(\tilde{\nu})$ des Probe- und $I_0(\tilde{\nu})$ des Referenzstrahls. Ein in der Programmierumgebung Agilent-Vee erstelltes Messprogramm übernimmt die Steuerung der Schrittmotorbühne und berechnet an jedem Verzögerungszeitpunkt die differentielle optische Dichte

$$\Delta OD(\tilde{\nu}) = OD_{mP}(\tilde{\nu}) - OD_{oP}(\tilde{\nu}) = -log\left(\frac{I(\tilde{\nu})}{I_0(\tilde{\nu})}\right)_{mP} + log\left(\frac{I(\tilde{\nu})}{I_0(\tilde{\nu})}\right)_{oP}. \quad (3.1)$$

Hierbei ist $OD_{mP}(\tilde{\nu})$ die aus Probe- und Referenzstrahl berechnete optische Dichte nach Anregung mit dem Pumpstrahl und $OD_{oP}(\tilde{\nu})$ die ohne solche Anregung. Eine abwechseln-

## 3.1. Aufbau des Pump-Probe-Experiments

de Aufnahme der Spektren mit und ohne Anregung wird durch eine Chopperscheibe im Pumpstrahl realisiert, die jeden zweiten Pumppuls abblockt.
Je nach verwendetem Gitter im Polychromator (a. Blazewellenlänge 3500 nm, Anzahl der Linien pro Millimeter 150 oder b. Blazewellenlänge 1250 nm, Linienanzahl 300 L/mm) ist es möglich, einen Wellenlängenbereich von 270 nm bzw. 510 nm mit einer Auflösung von $\Delta\lambda = 8.6$ nm bzw. 17.2 nm bei einer Zentralwellenlänge $\lambda_0$ von 2900 nm zu messen. Um transiente Spektren im OH-Streckschwingungsbereich mit einer typischen Breite von 600 nm und einer Auflösung von 8.6 nm aufzunehmen, muss demnach bei etwa 80 verschiedenen Probefrequenzen die zeitabhängige optische Dichte (transientes Signal) aufgezeichnet werden. Da der Detektor nur 32 Pixel besitzt, wird dies durch Verstellen des Polychromatorgitters und erneute Detektion der transienten Signale bei einer geänderten Probefrequenz erreicht.

Zur Justage des Pump-Probe-Experiments wird ein Helium-Neon-Laser (He:Ne) benötigt, weil die verwendeten IR-Strahlen für das menschliche Auge unsichtbar sind. Mithilfe eines Leistungsmessgerätes und im Experiment eingebauter Blenden wird der infrarote Laserstrahl mit dem He:Ne-Licht überlagert. Mit letzterem wird der in der Abb. 3.1 gezeigte Strahlverlauf eingestellt. Eine detaillierte Beschreibung des Justagevorgangs findet sich in der Diplomarbeit von Knop.[88]

Zur Qualitätsüberprüfung der IR-Pulse werden die in Abbildung 3.1 gestrichelt dargestellten Strahlverläufe verwendet. Direkt hinter den beiden OPAs können deren Signalspektren nach Frequenzverdopplung in einem BBO-Kristall mit einem Polychromator für den sichtbaren Spektralbereich (Hamamatsu, S3901-512Q, 512 Pixel à 50·2500 µm$^2$) auf einem Oszilloskop angezeigt werden. Eine Ge-Photodiode (GM8, GPD Optoelectronics) misst die Intensitäten der Ausgangspulse der OPAs* (Signal + Idler). Das Spektrum des Pumppulses wird vor und nach jeder Messung mit Hilfe eines selbstgebauten FTIR-Spektrometers aufgenommen.

Die Zeitauflösung des gesamten Pump-Probe-Aufbaus wird aus einem transienten Absorptionssignal eines Germaniumsubstrats ($d = 100$ µm) abgeschätzt. Zweiphotonen-Absorption

---
*Dafür wird die DFG für den Probestrahl durch Entfernen des nichtlinearen optischen Kristalls (AgGaS$_2$ in Abbildung 3.3) unterbunden und das DFG-Modul für den Pumpstrahl entfernt.

## 3. Experimentelle Techniken

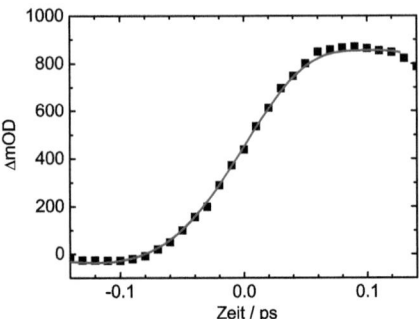

Abbildung 3.2.: Transientes Signal eines Germaniumsubstrats d = 100 µm, nach Anregung mit 3250 cm$^{-1}$ und bei einer Nachweisfrequenz von 3180 cm$^{-1}$; angepasste Funktion nach Gleichung 3.2 (rot)

von Probe- und Pumpstrahl im Germanium liefert instantan eine positive differentielle optische Dichte $\Delta$mOD bei $t \geq 0$.[89] Ein verzögerter Anstieg des transienten Signals, wie er in Abbildung 3.2 zu sehen ist, wird durch Faltung der instantanen Sprungantwort des Germaniums mit einem als gaußförmig angenommenen Puls der Halbwertsbreite $\Delta t$ simuliert:

$$f(t) = \frac{1}{2}\left[1 + \mathrm{erf}\left(\frac{2\sqrt{\ln 2}\,(t - t_0)}{\Delta t}\right)\right]. \quad (3.2)$$

Aus einer Anpassung obiger Funktion an Messergebnisse in Abb. 3.2 ergibt sich eine Zeitauflösung $\Delta t$ von 110 fs (vgl. Herleitung im Anhang auf S. 127).

## 3.2. Optisch-parametrischer Verstärker

Um Wellenlängen im mittleren infraroten Spektralbereich zu erhalten, wurde ein optisch parametrischer Verstärker (OPA) mit anschließender Differenzfrequenzerzeugung (DFG) in Anlehnung an Arbeiten von Hamm et al.[90] und Kaindel et al.[91] aufgebaut. Hierbei handelt es sich um einen zweistufigen Verstärker, der in Abbildung 3.3 schematisch mit entsprechenden Spezifikationen der optischen Elemente dargestellt ist. Er wird mit ca. 300 µJ bei

## 3.2. Optisch-parametrischer Verstärker

einer Wellenlänge von 775 nm gepumpt und mit einem Weißlichtkontinuum geimpft.

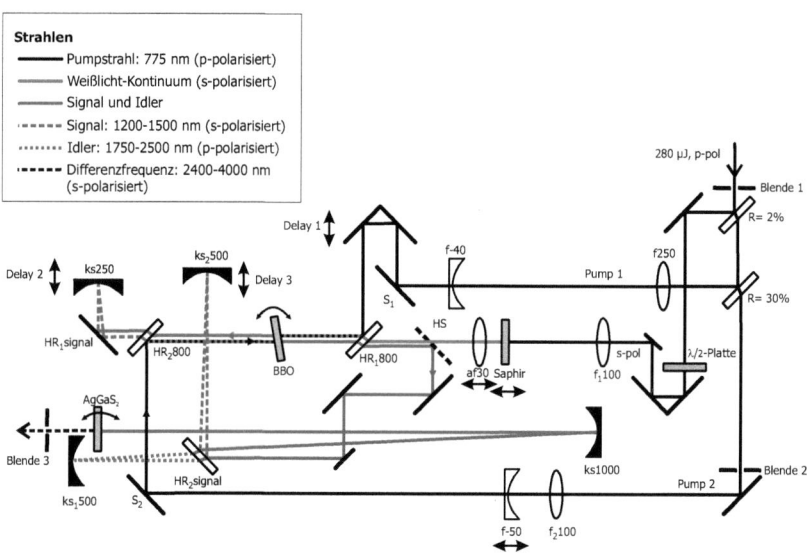

| Linsen | | anisotrope Medien | |
|---|---|---|---|
| f x: | Linse mit Brennweite x in mm | Saphir: | Saphir, d = 2 mm, ⊥c-Achse, ⌀ : 13 mm |
| af30: | achromatische Linse, f= 30 mm | BBO: | β-Bariumborat, Typ II, 5x5x5 mm³, S1/S2: |
| | | | P-coating, θ = 28°, φ = 30° |
| Spiegel | | AgGaS$_2$: | AgGaS$_2$-Kristall, Typ I, 5x5x1 mm³, θ = 39° |
| R= x %: | Dichroitischer Spiegel mit Reflektivität x % | | φ = 90° |
| HR$_n$800: | HR@ 800 nm, HTp@ 1200- 2400 nm, S2: | | |
| | ARp@1200-2400nm, d= 3mm, AOI= 45°, | Sonstiges | |
| | ⌀ : 25.4 mm, BK7 | λ/2-Platte: | Halbwellen-Verzögerungsplatte |
| HR$_n$signal: | HRs@1200-1600nm, HTp@1800-2500nm, | Delay n: | Verzögerungsbühne |
| | S2: ARp@1600-2500 nm, d= 3 mm, AOI= | | |
| | 45°, ⌀ : 25.4 mm, BK7 | | |
| ks$_n$x: | Konkav Spiegel, Silber, x = -f [mm] | | |
| HS: | Spiegel auf halber Höhe, Silber | | |
| S$_n$: | Dichroitischer Spiegel, HR 780 nm | | |

Abbildung 3.3.: Aufbau des optisch parametrischen Verstärkers mit Spezifikationen der optischen Elemente

## 3. Experimentelle Techniken

Für den OPA-Prozess erzeugen 6 µJ des 775 nm-Strahls ein Weißlichtkontinuum in einer Saphirplatte. Dieses wird in einen anisotropen β-Bariumboratkristall (BBO, Typ II*) fokussiert und dort mit einem Pumpstrahl von ca. 90 µJ räumlich und zeitlich überlagert, so dass Signal- (λ = 1200 - 1500 nm) und Idlerwelle (λ = 1750 - 2500 nm) entstehen. Die Spektralbereiche von Signal- und Idlerwelle werden durch den Transmissionsbereich der im Aufbau genutzten dielektrischen Spiegel limitiert (s. Abb. 3.3).

Die für eine optisch-parametrische Verstärkung notwendige Phasenanpassung und somit auch die Auswahl der Wellenlänge wird über ein Verkippen des Kristalls um die Achse senkrecht zur Ebene des optischen Tischs erreicht. Die optisch-parametrische Erzeugung genügt der Energie- und Impulserhaltung gemäß:

$$\nu_{pump}\, n_{ao}\left(\nu_{pump}, \Theta\right) = \nu_{signal}\, n_o\left(\nu_{signal}\right) + \nu_{idler}\, n_{ao}\left(\nu_{idler}, \Theta\right) \quad (3.3)$$

und
$$\nu_{pump} = \nu_{signal} + \nu_{idler}. \quad (3.4)$$

Dabei sind $\nu_i$ die Frequenzen der drei Lichtfelder des nichtlinear-optischen Prozesses, $n_o, n_{ao}$ die Brechungsindizes für ordentlichen und außerordentlichen Strahl. Der Phasenanpassungswinkel Θ beträgt beispielsweise 28° für die Konversion von 775 nm zu $\lambda_{\text{Signal}} = 1450$ nm und $\lambda_{\text{Idler}} = 1665$ nm.

Der Idlerpuls und der nichtkonvertierte Anteil des Pumpstrahls werden durch eine Spiegelkombination aus HR$_2$800 und HR$_1$signal abgetrennt (s. Abb. 3.3), da die zweite Verstärkerstufe nur die Signalwelle benötigt. Diese wird mithilfe des konkaven Spiegels ks250, der auf einer Verschiebebühne steht, erneut in den BBO-Kristall fokussiert und mit einem zweiten, frischen Pumpstrahl (ca. 200 µJ) zeitlich überlagert. Nach optisch parametrischer Verstärkung separiert ein dichroitischer Spiegel (HR$_1$800) den restlichen Pumpanteil von Signal- und Idlerwelle. Die beiden letztgenannten Strahlen werden durch einen „halbhohen" Spiegel (HS) ausgekoppelt und einer Differenzfrequenzerzeugung (DFG) zur Verfügung gestellt.

Die DFG ist ebenfalls in Abbildung 3.3 zu sehen. Für sie werden Signal- und Idlerwelle mithilfe des dichroitischen Spiegels HR$_2$signal getrennt, verzögert und dann sowohl räumlich (ks$_1$500, ks$_2$500) als auch zeitlich (Delay3) überlagert. Je ein Paar konkaver Spiegel

---

*Typ II-Phasenanpassung: $2n_{ao}(2\nu, \Theta) = n_o(\nu) + n_{ao}(\nu, \Theta)$; Typ I: $n_{ao}(2\nu, \Theta) = n_o(\nu)$

3.3. Aufbau des 2D-IR-Experiments

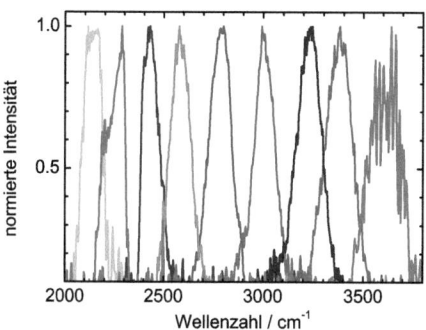

Abbildung 3.4.: Spektren des Probestrahls nach Differenzfrequenzerzeugung

($ks_1$500/ks1000 und $ks_2$500/ks1000) fokussiert Idler- und Signalstrahl in einen Silbergalliumsulfid-Kristall ($AgGaS_2$, Typ I). Die für den DFG-Prozess erforderliche senkrechte Polarisation beider Wellen zueinander ist bereits durch Verwendung des BBOs Typ II im OPA sichergestellt. Durch Verkippen des anisotropen $AgGaS_2$-Kristalls um die Achse parallel zur Ebene des optischen Tisches erfolgt die Phasenanpassung

$$\nu_{DFG}\, n_{ao}\left(\nu_{DFG}, \Theta\right) = \nu_{signal}\, n_{ao}\left(\nu_{signal}\right) - \nu_{idler}\, n_o\left(\nu_{idler}\right) \qquad (3.5)$$

$$\nu_{DFG} = \nu_{signal} - \nu_{idler}, \qquad (3.6)$$

so dass im Wellenlängenbereich zwischen 2.4 und 5 µm Pulse mit einer Intensität von 2.5 bis 3 µJ erhalten werden. Ausgewählte Spektren, aufgenommen mit dem MCT-Zeilendetektor, sind in Abbildung 3.4 gezeigt. Eine ausführliche Beschreibung der Justage findet sich im Anhang auf Seite 131.

## 3.3. Aufbau des 2D-IR-Experiments

Der Aufbau des zweidimensionalen Pump-Probe-Experiments entspricht im Wesentlichen dem für eindimensionale Messungen. Vorgenommene Änderungen sind in Abbildung 3.5 rot hervorgehoben.

# 3. Experimentelle Techniken

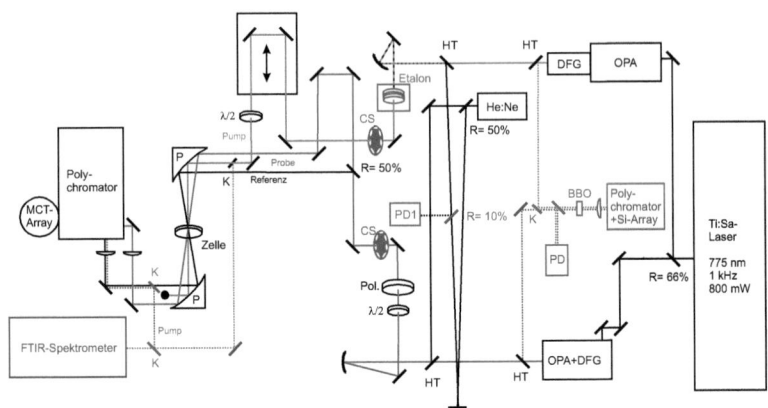

Abbildung 3.5.: Aufbau des 2D-IR-Experiments; BBO: nichtlinearer β-Bariumborat-Kristall, CS: Chopperscheibe, DFG: Differenzfrequenzerzeugung, He:Ne: Helium-Neon-Laser, HT: hoch transmittierend für DFG, K: Klappspiegel, λ/2: Lambda-Halbe-Platte, MCT-Array: zweizeiliger Detektor, OPA: optisch parametrischer Verstärker, P: 45° Parabolspiegel, PD: Photodiode, Pol.: Polarisator, R: Strahlteiler mit x % Reflektivität; rot: Unterschiede zum 1D-Experiment (vgl. Abb. 3.1)

**Fabry-Pérot-Etalon**

Eine selektive Anregung mit einem schmalbandigen Pumppuls ist durch Verwendung eines in Abbildung 3.6 dargestellten Fabry-Pérot-Etalons möglich. Dieses wird in Strahlrichtung unmittelbar hinter der DFG des Pump-OPAs gestellt (vgl. Abb. 3.5). Das Etalon besteht aus zwei breitbandig beschichteten Spiegeln (Laser Components) mit einer Reflektivität von $R = 85\%$ für Licht mit Frequenzen zwischen $3270\,\mathrm{cm}^{-1}$ und $3650\,\mathrm{cm}^{-1}$. Daraus ergibt sich eine Breite bei halber Amplitudenhöhe der Etalontransmission von

$$\Delta\nu_{\mathrm{FWHM}} = \frac{(1-R)}{2\,d\cdot\pi\,\sqrt{R}} = 22\,\mathrm{cm}^{-1} \tag{3.7}$$

und ein freier Spektralbereich in der ersten Ordnung des Etalons von

$$\Delta\nu_{\mathrm{FSR}} = \frac{1}{2\,d} = 425\,\mathrm{cm}^{-1} \tag{3.8}$$

3.3. Aufbau des 2D-IR-Experiments

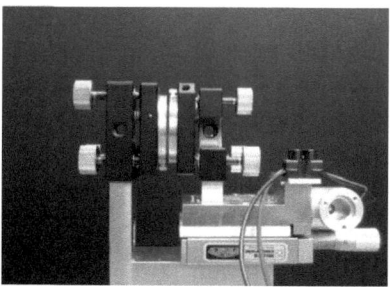

Abbildung 3.6.: Fabry-Pérot-Etalon bestehend aus zwei teilreflektierenden Spiegeln, von dem einer auf der Verschiebebühne mit Piezokristall steht.

bei einem verwendetem Spiegelabstand $d = 11.76\,\mu\text{m}$. Die transmittierte Intensität des Etalons

$$I(\nu) = \frac{(1-R)^2}{(1-R)^2 + 4R\cdot\sin(2\pi\,d\,\nu)^2} \cdot I_0 \qquad (3.9)$$

besitzt ein Lorentzprofil mit der Frequenz $\nu$ am Intensitätsmaximum. Ein repräsentatives Spektrum ist in Abbildung 3.7 im Vergleich zu dem des Pumppulses vor Durchlaufen des Etalons dargestellt.

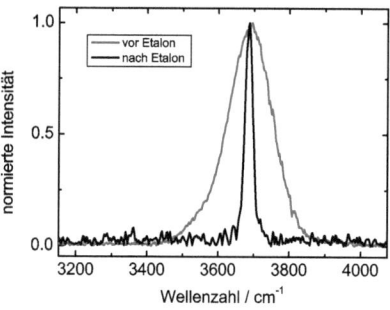

Abbildung 3.7.: Pumpspektrum vor und nach dem Etalon

## 3. Experimentelle Techniken

**Stabilisierung der Pumpfrequenz**

Einer der beiden Etalon-Spiegel ist auf einer Translationsbühne mit Piezokristall (Piezo) befestigt, zu sehen in Abbildung 3.6. Über eine am Piezo anliegende Spannung $U$ kann der Spiegelabstand $d$ fein eingestellt und damit die Frequenz $\nu$ des Pumpstrahls nach Durchlaufen des Etalons verändert werden. Der Spiegelabstand ist kritisch, da bereits eine Schwankung von 0.2 µm einer Frequenzänderung von 30 cm$^{-1}$ entspricht, also mehr als die Bandbreite des vom Etalon transmittierten Laserpulses. Aus diesem Grund wurde eine computergestützte Stabilisierung entwickelt, die den He:Ne-Justagelaser als Referenz verwendet.

Der He:Ne-Strahl wird zunächst an beiden Etalonspiegeln teilreflektiert. Da die Etalonspiegel bei korrekter Justage parallel zueinander stehen, laufen beide zurückreflektierten Strahlen exakt parallel und interferieren miteinander. Die Interferenz des He:Ne-Lasers ist abhängig vom Abstand beider Spiegel und kann mit einer Photodiode (PD 1 in Abb. 3.5) gemessen werden. Über eine Analog-Digital-Wandlerkarte wird das PD-Signal in einen Computer eingelesen. Anschließend zeichnet das entwickelte Stabilisierungs-Programm das Photodiodensignal bei unterschiedlichen Spiegelabständen bzw. in Abhängigkeit von kleinen Spannungsänderungen am Piezo entsprechend $U \propto d$ auf. Hierfür wird über eine Digital-Analog-Wandlerkarte ein neuer Wert an den mit dem Piezo verbundenen Hochspannungsverstärker gegeben und das PD-Signal eingelesen. Die resultierende Grafik wird auf einem Monitor angezeigt und ist schematisch in Abbildung 3.8 dargestellt. Besitzen die Etalon-Spiegel einen gewünschten Abstand $d_0$, bei dem das Photodiodensignal zwischen zwei Extrema liegt, werden durch lineare Regression Messwerte einer in Abbildung 3.8 rot dargestellten Kalibriergerade um einen Haltepunkt berechnet.

Verändert sich im Laufe einer Messung der Spiegelabstand um $\Delta d = d_0 - d$ und damit die Intensität des Photodiodensignals um $\Delta I = I_0 - I$, stellt das Programm den Spiegelabstand $d_0$ automatisch wieder ein. Hierfür wird die am Piezo anliegende Spannung kontinuierlich verändert, bis eine dem Haltepunkt entsprechende Intensität $I_0$ gemessen wird. Die Spannungsänderung ist hierbei proportional zur Steigung der Regressionsgeraden, die zu Beginn der Messung bestimmt wurde. Die Regelung des Spiegelabstandes erfolgt mit einer Zeitkonstante von wenigen Millisekunden und ist somit viel kleiner als die typische Messdauer zur Aufnahme eines transienten Spektrums, die einige Sekunden beträgt. Das Spektrum des infraroten Laserstrahls bleibt somit über die Messdauer konstant.

## 3.3. Aufbau des 2D-IR-Experiments

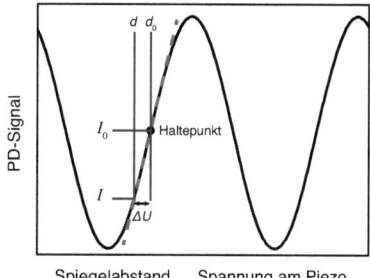

Abbildung 3.8.: Interferenz des am Etalon reflektierten He:Ne-Lasers (schwarz) mit Regressionsgerade (rot) um den Haltepunkt ($d_0$, $I_0$); PD-Signal bezeichnet die von der Photodiode gemessene Intensität. Die Regressionsgerade ist für einen Spannungsunterschied am Piezokristall von 100 mV eingezeichnet, der einem Spiegelabstand von 15 nm entspricht. Die Regelung und damit $I$, $d$ und $\Delta U$ werden im Text erläutert.

Zur zusätzlichen Überprüfung des Pumppulses wird sein Spektrum vor und nach den transienten Messungen mit einem FT-Spektrometer aufgenommen (gestrichelter Strahlengang in Abb. 3.5).

**Signal- zu Rauschverhältnis**

Bereits im Pump-Probe-Experiment werden Schwankungen des Probepulses durch Verwendung eines Referenzstrahls bei der Berechnung von $\Delta OD$ berücksichtigt (s. Abschnitt 3.1). Eine weitere Rauschquelle ist Pumpstreulicht, welches für 2D-IR-Experimente besonders kritisch ist, weil hier der Pumppuls eine kleine spektrale Breite besitzt (s. Abb. 3.7) und sein Streulicht maximal auf zwei Pixel des MCT-Detektors fällt[*]. Geringfügige Änderung der Strahlrichtung durch Winkeldrift der Spiegel nach dem Etalon reichen bereits aus, um den Verlauf des Pumpstrahls zu ändern. Infolgedessen wandert Pumpstreulicht auf dem MCT-Detektor um einige Pixel. Da eine Intensitätsänderung, hervorgerufen durch Fehlen oder Hinzukommen des Pumpstreulichts, größer als die Intensität eines transienten Signals ist, kann letzteres nicht mehr aufgelöst werden.

---

[*]Die Auflösung des MCT-Detektors ist je nach verwendetem Gitter etwa 10 bzw. 20 cm$^{-1}$ pro Pixel und die spektrale Breite des Pumppuls 22 cm$^{-1}$.

## 3. Experimentelle Techniken

Um Pumpstreulichtanteile auf Signal- und Referenzstrahl zu messen und aus der optischen Dichte zu eliminieren, wurden zwei neue Chopperscheiben (CS), eine für den Pump- und eine für den Probepuls, konstruiert (vgl. Abb. 3.5). Beide Chopperscheiben haben ein Öffnungs- zu Geschlossenverhältnis von 2:1, so dass Pulse zweimal häufiger durchgelassen als blockiert werden. Die Chopperscheiben sind auf die Repetitionsrate des Lasers von einem Kilohertz synchronisiert und laufen um 7.5° versetzt. Somit ergeben sich drei unterschiedliche Kombinationen der Signalaufnahme:

(1) Pump- und Probepuls passieren beide ihre jeweiligen Chopperscheiben. Der MCT-Detektor misst eine pumpinduzierte Intensität von Signal- $I^{Sig}(\tilde{\nu})$ und Referenzstrahl $I^{Ref}(\tilde{\nu})$;

(2) Der Pumppuls wird blockiert und der Probepuls passiert die entsprechende Chopperscheibe. Aufgezeichnet wird eine Intensität ohne Anregung für Signal- $I_0^{Sig}(\tilde{\nu})$ und Referenzstrahl $I_0^{Ref}(\tilde{\nu})$. Beide gemessene Intensitäten beinhalten somit keinen Anteil an Pumpstreulicht;

(3) Der Pumppuls wird durchgelassen und der Probepuls blockiert, so dass nur eine Detektion des Pumpstreulichts erfolgt. Durch Bildung eines Mittelwerts über vier Schüsse können Schwankungen des Pumpstreulichts auf Signal- $\overline{I_{Pump}^{Sig}(\tilde{\nu})}$ und Referenzstrahl $\overline{I_{Pump}^{Ref}(\tilde{\nu})}$ erfasst werden.

Die differentielle optische Dichte ergibt sich dann zu

$$\Delta OD(\tilde{\nu}) = OD_{mP}(\tilde{\nu}) \qquad\qquad - OD_{oP}(\tilde{\nu}) \qquad (3.10)$$

$$= log\left(\frac{I^{Sig}(\tilde{\nu}) - \overline{I_{Pump}^{Sig}(\tilde{\nu})}}{I^{Ref}(\tilde{\nu}) - \overline{I_{Pump}^{Ref}(\tilde{\nu})}}\right)_{mP} - log\left(\frac{I_0^{Sig}(\tilde{\nu})}{I_0^{Ref}(\tilde{\nu})}\right)_{oP} \qquad (3.11)$$

wobei $OD_{mP}(\tilde{\nu})$ die optische Dichte nach Anregung mit einem Pumppuls und $OD_{oP}(\tilde{\nu})$ die ohne Anregung ist. Nur für $OD_{mP}(\tilde{\nu})$ muss eine Subtraktion des Pumpstreulichts erfolgen. Bei Messungen von $OD_{oP}(\tilde{\nu})$ ist dieses nicht vorhanden, da die Chopperscheibe den Pumpstrahl blockiert.

## 3.3. Aufbau des 2D-IR-Experiments

**Zeitauflösung**

Grundsätzlich resultiert das zeitaufgelöste Signal $F(\tau)$ aus einer Faltung der molekularen Antwort $K(t)$ mit der Gerätefunktion $G(\tau)$ des verwendeten Messsystems:

$$F(\tau) = \int_0^\tau K(t) \cdot G(\tau - t)\, dt. \tag{3.12}$$

Die Gerätefunktion $G(\tau)$ kann in einem Pump-Probe-Experiment näherungsweise[*] durch eine Faltung des Intensitäts-Zeit-Profils des Pumppulses $I_{\text{Pump}}(t)$ mit dem des Probepulses $I_{\text{Probe}}(t)$ erhalten werden:

$$G(\tau) = \int_{-\infty}^{\infty} I_{\text{Probe}}(t) \cdot I_{\text{Pump}}(\tau - t)\, dt. \tag{3.13}$$

Das Pumpspektrum ist für den in dieser Arbeit verwendeten Aufbau des 2D-IR-Experiments durch ein Etalon in seiner Bandbreite vermindert. Nach Durchlaufen des Etalons ist das Spektrum des Pumppulses lorentzförmig, wie anhand Gleichung 3.9 zu erkennen ist. Bei einer typischen Frequenzbreite $\Delta\tilde{\nu}_{\text{FWHM}}$ des Pumppulses auf halber Amplitudenhöhe von 22 cm$^{-1}$ (vgl. Abb. 3.7) beträgt die bandbreiten-begrenzte Pulsdauer[†]

$$\Delta t_{\text{Pump}} = \frac{\ln 2}{\Delta\tilde{\nu}_{\text{FWHM}} \cdot c \cdot \pi \cdot 100} = 335\,\text{fs} \tag{3.14}$$

unter Annahme eines spektralen Lorentzprofils[‡].[92] Das einseitig exponentielle Intensitäts-Zeit-Profil des Pumppulses

$$I_{\text{Pump}}(t) = \begin{cases} 0 & \text{für } t < 0 \\ \exp\left(-\frac{t \ln 2}{\Delta t_{\text{Pump}}}\right) & \text{für } t \geq 0 \end{cases} \tag{3.15}$$

---

[*]Dies gilt unter der Voraussetzung, dass die Pulsdauern die Zeitauflösung begrenzen.
[†]Hier gibt die Pulsdauer $\Delta t$ die Zeit an, bis die Strahlintensität auf die Hälfte abgefallen ist.
[‡]Im Fourierlimit besitzt ein Puls keinen Chirp, so dass die kürzestmögliche Pulsdauer bei einer gegebenen Halbwertsbreite $\Delta\tilde{\nu}_{\text{FWHM}}$ erhalten wird. Hierbei wird $\ln 2/\pi$ als das Zeit-Bandbreite-Produkt eines fourierlimitierten Lorentzpulses bezeichnet.

3. Experimentelle Techniken

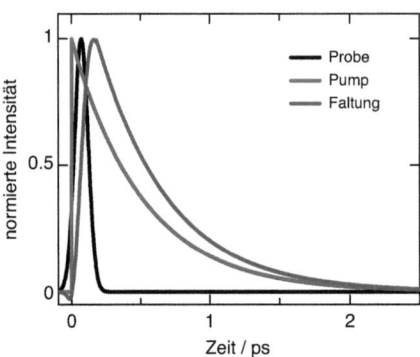

Abbildung 3.9.: Zeitverlauf des gaußförmigen Probepulses (schwarz) und des einseitig exponentiellen Pumppulses (grau). Die Faltung beider Verläufe miteinander ergibt die Gerätefunktion (rot).

ergibt sich nach Fouriertransformation der Gleichung *3.9* und ist in Abbildung 3.9 grau dargestellt.

Der Probepuls besitzt im Gegensatz zum Pumppuls ein gaußförmiges Intensitäts-Zeit-Profil

$$I_{\text{Probe}}(t) = \frac{1}{\sqrt{2\pi}\sigma} \exp\left(-\frac{t^2}{2 \cdot \sigma^2}\right) \text{ mit } \sigma = \frac{\Delta t_{\text{Probe}}}{2\sqrt{2\ln 2}}, \tag{3.16}$$

welches in Abbildung 3.9 schwarz dargestellt ist.
Bei einer typischen Bandbreite $\Delta \tilde{\nu}_{\text{FWHM}}$ von $126\,\text{cm}^{-1}$ des Probepulses (vgl. Abb. 3.4), ergibt sich seine Dauer $\Delta t_{\text{Probe}}$ im Fourierlimit durch Multiplikation mit dem Zeit-Bandbreite-Produkt für gaußförmige Pulse:

$$\Delta t_{\text{Probe}} = \frac{2\ln 2}{\Delta \tilde{\nu}_{\text{FWHM}} \cdot \pi \cdot c \cdot 100} = 117\,\text{fs}. \tag{3.17}$$

Die Gerätefunktion $G(t)$ des 2D-IR-Experiments im Fourierlimit folgt aus der Faltung* der Funktionen *3.15* und *3.16* entsprechend Gleichung *3.13*:

$$G(t) = A \cdot 2^{-|t|/\Delta t_{\text{Pump}}} \left[ \text{erf}\left(\frac{\sqrt{2}t}{2\sigma} - \frac{\ln 2 \cdot \sigma}{2\Delta t_{\text{Pump}}}\right) + \text{erf}\left(\frac{\ln 2 \cdot \sigma}{\sqrt{2}\Delta t_{\text{Pump}}}\right) \right] \text{ mit} \quad (3.18)$$

$$A = \frac{1}{2} \cdot 2^{\ln 2 \cdot \sigma^2 / 2 \cdot \Delta t_{\text{Pump}}^2}. \quad (3.19)$$

Sie ist in Abbildung 3.9 als rote Kurve dargestellt. Die Zeit bis die Gerätefunktion auf die Hälfte abgeklungen ist, beträgt

$$\Delta t_{\text{G}} = 540 \, \text{fs}^\dagger. \quad (3.20)$$

Die molekulare Antwort $K(t)$ ist somit durch eine Überlagerung mit dem exponentiellen Abfall von $G(t)$ gestört. Bei Kenntnis des Verlaufs der Gerätefunktion könnte durch eine Entfaltung des transienten Signals $F(t)$ der reine Verlauf von $K(t)$ erhalten werden.

## 3.4. Stationäre Messungen und optische Zellen

Stationäre Absorptionsmessungen im OH-Streckschwingungsbereich wurden mit einem FTIR-Spektrometer des Herstellers „Thermo Scientific", Modell *Nicolet 5700 FT-IR* mit einer Frequenzauflösung kleiner als $4 \, \text{cm}^{-1}$ aufgenommen.

Bei Raumtemperatur sind stationäre und zeitaufgelöste Messungen in selbstgebauten Zellen mit $CaF_2$-Fenstern (MolTech, $d = 4 \, \text{mm}$) und einer Schichtdicke von $2 \, \text{mm}$ durchgeführt worden. Für temperaturabhängige FTIR-Messungen wurde eine 1 mm dicke QX-Zelle (Helma Optik) aus Suprasil 300 verwendet.

---
*analog zu Anhang B
[†]$1/e \cdot G(t)$ ist bei $\tau_{\text{G}} = 710 \, \text{fs}$ erreicht.

3. Experimentelle Techniken

## 3.5. Probenpräparation

Die im Rahmen dieser Arbeit verwendeten und kommerziell erworbenen Chemikalien sind in Tabelle 3.1 mit ihrem jeweiligen Reinheitsgrad aufgeführt.

| Substanz | Hersteller | Reinheitsgrad |
|---|---|---|
| Deuterochloroform | euriso-top | $\geq$99.8 % |
| 18-Krone-6 | Fluka | $\geq$99.5 % |
| Tetrachlorkohlenstoff | Fluka | $\geq$99.5 % |
| Molekularsieb, Typ4A ($\emptyset$ 2.4- 4.8 mm) | Fluka | – |

Tabelle 3.1.: Verwendete Chemikalien mit jeweiligem Reinheitsgrad

### 3.5.1. Polyole

Die in dieser Arbeit untersuchten Polyole wurden von Jens Schimpfhauser aus dem Arbeitskreis von Dirk Schwarzer am Max-Planck-Institut für Biophysikalische Chemie in Göttingen präpariert.

Die mehrstufigen Synthesen erfolgten nach der von Paterson und Scott[93–95] ausgearbeiteten Reaktionssequenz, deren Schlüsselschritt auf einer asymmetrischen Aldolreaktion beruht. Abbildung 3.10 zeigt den Verlauf der iterativen syn-Polyoldarstellung. Das chirale und enantiomerenreine Keton ($R$)-**1** wird in Gegenwart der Lewis-Säure Dicyclohexylchloroboran (($c$Hex)$_2$BCl) durch Triethylamin (NEt$_3$) stereoselektiv in das $E$-konjugierte Borenolat **2** überführt. Dieses wird anschließend diastereoselektiv mit Propionaldehyd umgesetzt. Die *in situ* Reduzierung des borstabilisierten Chelatkomplexes **3** mit Lithiumborhydrid (LiBH$_4$) ergibt nach einer Aufarbeitung mit Wasserstoffperoxid und Natronlauge stereoselektiv das syn-Diol **4**.

Die beschriebene Reaktionssequenz wird erneut durchgeführt, um höhere Polyole zu synthetisieren. Dies erfordert zunächst ein Schützen der Hydroxylfunktionen mit 2,2-Dimethoxy-

## 3.5. Probenpräparation

propan ($Me_2C(OMe)_2$) in Gegenwart von PPTS (para-Pyridiniumtoluolsulfonat) als acidem Katalysator. Es wird das Ketal **5** erhalten.

Anschließend ist die Benzyl-Schutzgruppe (Bn) über eine $Pd(OH)_2$/C-katalysierte Hydrogenolyse abzuspalten. Die so erhaltene Hydroxylfunktion wird nachfolgend im Zuge einer Swern-Reaktion oxidiert. Hierzu wird Dimethylsulfoxid (DMSO) mit Oxalylchlorid (($COCl)_2$) zum Sulfoniumion aktiviert, welches den verbliebenen Alkohol **6** zum Aldehyd **7** umwandelt.
Nun ist eine weitere Kettenverlängerung möglich, indem die Reaktionssequenz analog wiederholt wird. Nach erneuter Aldolreaktion und *in situ* Reduktion (Reaktionsschritte 1 und 2) erhält man das geschützte syn-Tetrol. Dieses kann nach abermaliger Durchführung der Reaktionssequenz (Reaktionsschritte 1-5 und anschließend 1-2 wiederholen) in geschütztes syn-Hexol überführt werden. Die vorhandenen Acetonid-Schutzgruppen sind hydrolytisch abspaltbar und syn-Tetrol **8** bzw. syn-Hexol **9** werden erhalten.

Die isomeren anti-Polyole sind durch Modifikation des oben vorgestellten Synthesewegs entsprechend Abbildung 3.11 darstellbar. Wird der Bor-Chelatkomplex **3** zunächst mit $H_2O_2$ oxidiert und anschließend mit Tetramethylammonium-triacetoxy-borhydrid ($Me_4NBH(OAc)_3$) reduziert, so ist das anti-Diol **11** erhältlich. Für die Synthese des anti-Tetrols und des anti-Hexols **15** wird ($^tBu)_2Si(OTf)_2$ als Schutzgruppe für die Alkoholfunktionen gewählt, da so die anti-Konformation der Hydroxylgruppen fixiert bleibt. Ansonsten erfolgt die Synthese auch hier über eine Abspaltung der Benzyl-Schutzgruppe durch Hydrogenolyse mit anschließender Swern-Oxidation. Danach wird durch erneute Aldolreaktion und Aufarbeitung das anti-Tetrol erhalten. Eine weitere Iteration ergibt die Vorstufe zum anti-Hexol **14**. Die Silylschutzgruppen werden durch Pyrdinhydrofluorid abgespalten.

Für stationäre und zeitaufgelöste IR-spektroskopische Messungen an intramolekularen Wasserstoffbrückenbindungen der Polyole sind wasserfreie Proben herzustellen, um Fremdeinflüsse auszuschließen. Das Lösungsmittel $CDCl_3$ wird mehrere Tage über einem Molekularsieb gelagert. In einem Exsikkator werden die Polyole über orangenem Silicagel (Merck, Nr. 15111, Partikelgröße 15 bis 40 µm, mittlere Porengröße 60 Å) bei einem Druck von 1 mbar bis zu drei Wochen getrocknet. Um die Proben anzusetzen, müssen sowohl Spatel als auch Probengläschen zuvor im Trockenschrank bei 117 °C mehrere Stunden lagern. Nach Ein-

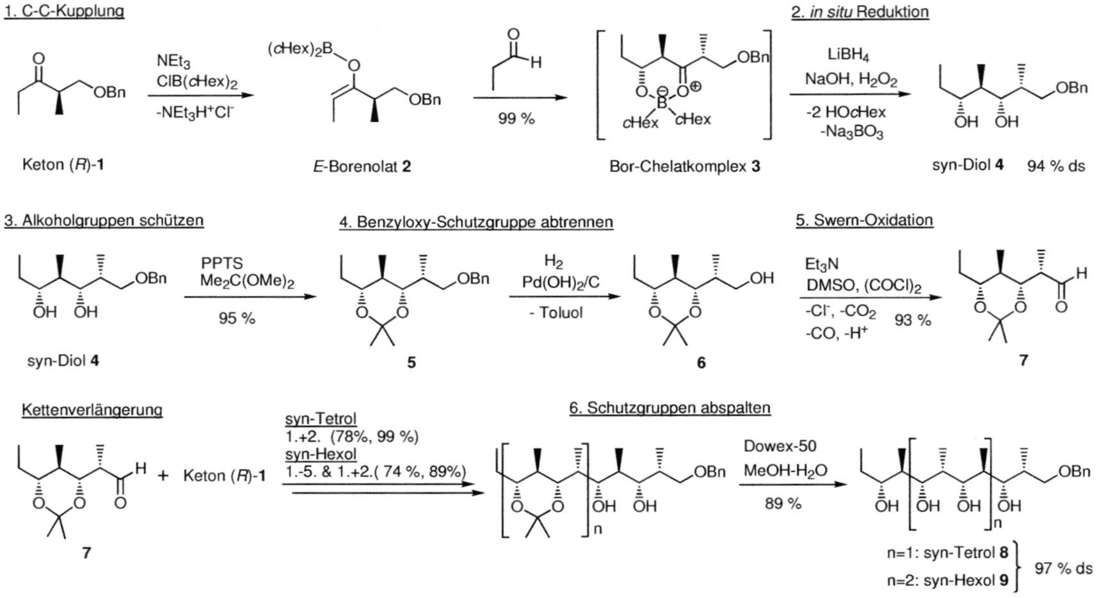

## 3. Experimentelle Techniken

Abbildung 3.10.: Synthese der syn-Polyole nach Paterson und Mitarbeitern[93]: Unter den Reaktionspfeilen sind die Ausbeuten der jeweiligen Reaktionsschritte angegeben. Die Diastereoselektivität der einzelnen Produkte wird mit der Abkürzung ds aufgeführt. Reagenzien und Bedingungen der einzelnen Reaktionsschritte sind für 1.: (cHex)$_2$BCl, Et$_3$N, Et$_2$O, 0 °C, 1.5 h; 2.: RCHO, -78 → -15 °C, 3.5 h, LiBH$_4$, -78 °C, 2 h, H$_2$O$_2$, 10 % NaOH, MeOH, 2 h; 3.: Me$_2$C(OMe)$_2$, PPTS, CH$_2$Cl$_2$, 5-18 h; 4.: Pd(OH)$_2$/C, H$_2$, EtOH, 1-4 h; 5.: (COCl)$_2$, DMSO, CH$_2$Cl$_2$, -78 °C, 0.5 h, Et$_3$N, -78 → -40 °C, 0.25 h; 6.: DOWEX-50, MeOH – H$_2$O (9:1), Δ, 4 h.

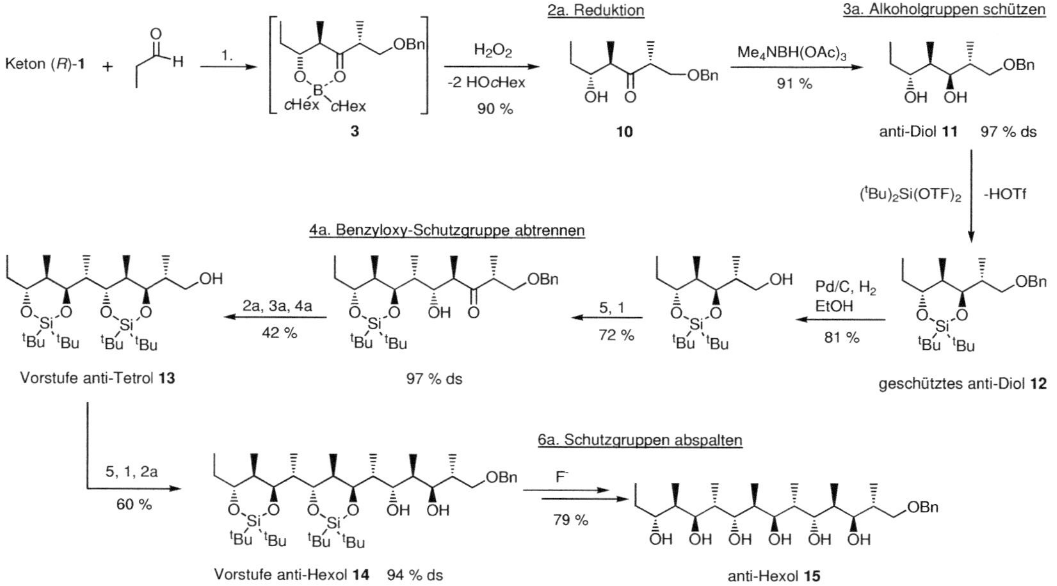

## 3.5. Probenpräparation

Abbildung 3.11.: Synthese der anti-Polyole nach Paterson und Mitarbeitern[93]: Unter den Reaktionspfeilen sind die Ausbeuten der jeweiligen Reaktionsschritte angegeben. Die Diastereoselektivität der einzelnen Produkte wird mit der Abkürzung ds aufgeführt. Die Reaktionsschritte 1. und 5. sind in Abbildung 3.10 gezeigt. Reagenzien und Bedingungen der verbleibenden Reaktionsschritte sind für 2a.: $H_2O_2$, pH 7 Puffer, MeOH, 2 h, $Me_4NBH(OAc)_3$, AcOH-MeCN, -20 °C, 13-44 h; 3a.: $(^tBu)_2Si(OTf)_2$, 2,6-Lutidin, $CH_2Cl_2$, 20 °C, 21-44 h; 4a.: 10 % Pd/C, $H_2$, EtOH, 1.5-3 h; 6a.: Pyridin·HF, THF, 14 h, 20 °C.

## 3. Experimentelle Techniken

wiegen von ca. 7 mmol/L des Polyols in $CDCl_3$ wird das Gläschen zusätzlich mit Parafilm abgedichtet und zum vollständigen Lösen mindestens eine Stunde in ein Ultraschallbad gestellt.

Eine gewünschte Konzentration von 7 mmol/L Polyol in $CDCl_3$ für spektroskopische Untersuchungen ergab sich aus Absorptionsmessungen einer Verdünnungsreihe, beispielhaft für anti-Tetrol in Abbildung 3.12 dargestellt. Sie verdeutlicht, dass sich die spektrale Form

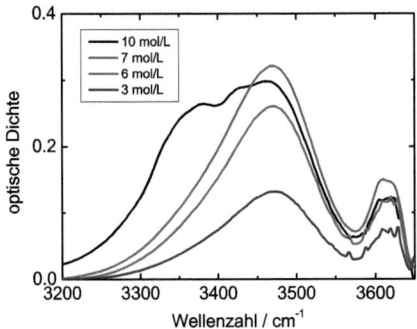

Abbildung 3.12.: Absorptionsspektren von anti-Tetrol in $CDCl_3$ bei verschiedenen Konzentrationen

der Absorptionsbande im OH-Streckschwingungsbereich des anti-Tetrols mit zunehmender Konzentration stark verändert. Oberhalb von ca. 8 mmol/L erscheint eine ausgeprägte Schulter bei etwa 3350 cm$^{-1}$, die auf eine Dimerisierung des Alkohols hindeutet. Bei Konzentrationen geringer als 7 mmol/L ergibt sich eine kleinere optische Dichte und somit ein schlechteres Signal- zu Rauschverhältnis in transienten Messungen.

Im Anhang auf Seite 137 finden sich Absorptionsspektren der Verdünnungsreihen von syn-Diol, anti-Diol und syn-Tetrol. Bandenform und Lage der Absorptionsspektren werden für die Polyole in Kapitel 4 diskutiert.

3.5. Probenpräparation

## 3.5.2. Wasser auf 18-Krone-6

Zur Messung von intermolekularen H-Brücken werden Proben von 18-Krone-6 in $CCl_4$ mit geringen Wasserkonzentrationen verwendet. Trotzdem müssen Lösungsmittel ($CCl_4$) und Feststoff (18-Krone-6) nach den oben beschriebenen Methoden getrocknet werden, da ansonsten der $H_2O$-Anteil zu hoch ist.
Abbildung 3.13 zeigt Absorptionsspektren von Wasser in $CCl_4$ bei unterschiedlichen 18-Krone-6 Konzentrationen. Aus der Verdünnungsreihe ergibt sich eine ideale Probenzusam-

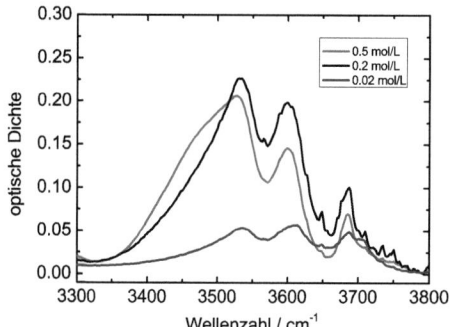

Abbildung 3.13.: Absorptionsspektren von $H_2O$ in $CCl_4$ bei verschiedenen Konzentrationen von 18-Krone-6

mensetzung für 0.2 mol/L 18-Krone-6 und 8 mmol/L $H_2O$ gelöst in $CCl_4$. Bei dieser Konzentration ist keine Dimerisierung, wie sie beispielsweise bei 0.5 mol/L 18-Krone-6 vorliegt, und eine hohe optische Dichte vorhanden.

Die Probenzelle sollte mindestens einen Tag vor Verwendung für transiente Experimente stehen, da so der 18-Krone-6 vollständig gelöst und alle Wassermoleküle an ihn koordiniert sind. Als Qualitätsüberprüfung wird vor jeder transienten Messung ein FTIR-Spektrum der jeweiligen Probe aufgenommen.

Bandenform und Lage der Absorptionsspektren werden für $H_2O$/18-Krone-6 in Kapitel 5 diskutiert.

# 4. Intramolekulare Wasserstoffbrückenbindungen

Intramolekulare Wasserstoffbrückenbindungen (H-Brückenbindungen) spielen in vielen biologischen und chemischen Prozessen eine wichtige Rolle.[1-8] Wie bereits in der Einleitung beschrieben, wird die Schwingungsdynamik in solchen Systemen in dieser Arbeit modellhaft anhand von Polyolen untersucht. Diese Moleküle bieten den Vorteil einer Reduzierung des dreidimensionalen H-Brückennetzwerks auf eine Dimension. Darüber hinaus lässt sich durch den iterativen Syntheseansatz der Bor-vermittelten Adolkondensation, die Länge des Wasserstoffbrückennetzwerks gezielt einstellen (s. Abschnitt 3.5.1). Anhand von unterschiedlichen Konformationen kann außerdem die Zeitskala der H-Brückendynamik gegenüber OH-Streckschwingungsrelaxation beeinflusst werden.

Intramolekulare alkoholische Wasserstoffbrückenbindungen wurden bisher nur von Lock et al. exemplarisch anhand von Pinakol (2,3-Dimethyl-2,3-butandiol) in $CDCl_3$ untersucht.[96] Die zwei OH-Gruppen des Pinakols können zwei unterschiedliche Konformationen annehmen: eine *gauche*-Anordnung, welche eine intramolekulare H-Brücke zwischen den benachbarten Hydroxylgruppen ausbildet, und eine nicht H-verbrückte *trans*-Anordnung. Beide Konformationen sind in Abbildung 4.1 gezeigt.

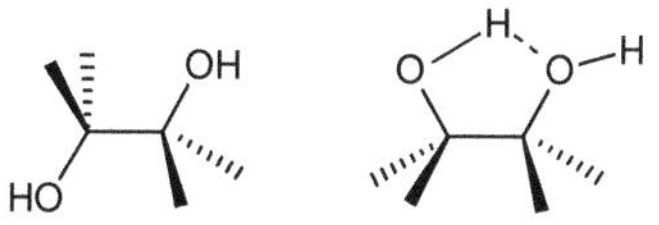

Abbildung 4.1.: Konformationen des Pinakols: links ist die *trans*- und rechts die *gauche*-Konformation abgebildet.

## 4. Intramolekulare Wasserstoffbrückenbindungen

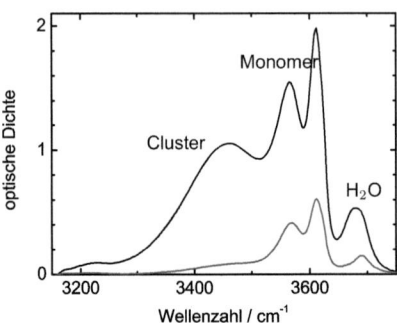

Abbildung 4.2.: Absorptionsspektrum im OH-Streckschwingungsbereich von Pinakol in flüssigem $CDCl_3$ bei 0.3 mol/L (schwarz) und 0.075 mol/L (rot), gemessen unter Normalbedingungen; Die Zuordnung der Banden erfolgte nach Lock et al.

Bei geringen Pinakol-Konzentrationen ($c = 75$ mmol/L) weist das in Abbildung 4.2 rot dargestellte statische Absorptionsspektrum im OH-Streckschwingungsbereich des Monomers eine Bande bei 3570 cm$^{-1}$ und eine bei 3612 cm$^{-1}$ auf. Lock et al. ordnen der OH-Streckschwingung der H-verbrückten *gauche*-Anordnung die niederfrequente Bande und den unverbrückten Hydroxylgruppen beider Anordnungen die andere, hochfrequente Bande zu.

Aufgrund einer Modulation der zeitaufgelösten Pump-Probe-Signale*, welche einem Frequenzabstand zweier Banden von 40 cm$^{-1}$ entspricht, schlossen Lock et al. auf eine Kopplung zwischen den Hydroxylgruppen der *gauche*-Anordnung.

Die Lebensdauer der OH-Streckschwingung in *gauche*-Konformation beträgt 3.5 ps und die in *trans* 7.4 ps.[96] Dies deutet an, dass H-Brücken die Lebensdauer der OH-Streckschwingung verkürzen können.

Bei höheren Pinakol Konzentrationen (0.3 mol/L) erfolgt eine Clusterbildung, wie anhand des schwarz dargestellten Absorptionsspektrums in Abbildung 4.2 zu erkennen ist.

Schwingungsdynamik in wasserstoffverbrückten Systemen wurde auch anhand primärer Alkohole in unpolaren Lösungsmitteln untersucht. Wird beispielsweise

---
*bei breitbandiger Anregung

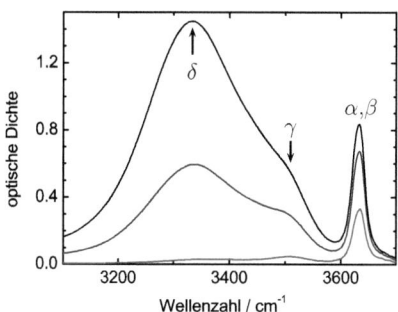

Abbildung 4.4.: Absorptionsspektrum von Ethanol in flüssigem $CCl_4$ im OH-Streckschwingungsbereich bei Konzentrationen von 0.05 mol/L (rot), 0.7 mol/L (blau) und 0.15 mol/L (schwarz) bei Normalbedingungen.

Ethanol (EtOH) in Tetrachlorkohlenstoff ($CCl_4$) gelöst, ergibt sich eine Verteilung von wasserstoffverbrückten Oligomersträngen unterschiedlicher Länge.[97–105] Für ein Oligomer bestehend aus vier Ethanolmolekülen ist die Struktur exemplarisch in Abbildung 4.3 dargestellt.

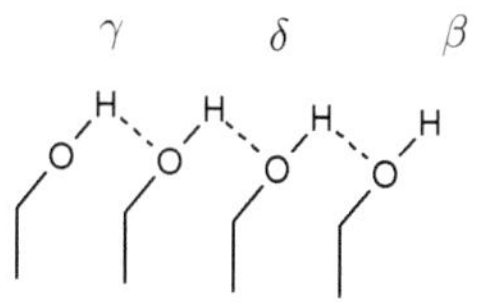

Je nach Position der Hydroxylgruppe im Oligomer unterscheiden Graener et al.[106] die vier Spezies $\alpha$, $\beta$, $\gamma$ und $\delta$, denen unterschiedliche Absorptionsfrequenzen zugeordnet werden. Die Benennung der Banden ist in Abbildung 4.3 und 4.4 dargestellt. Hierbei bezeichnet die $\alpha$-Spezies unverbrückte OH-Gruppen, die bei einer Frequenz von $3620\,cm^{-1}$ absorbieren.

Abbildung 4.3.: Struktur von Ethanol-Oligomeren

Bei derselben Frequenz absorbieren $\beta$-Hydroxylgruppen, die als Akzeptoren für eine H-Brücke dienen. OH-Gruppen, die sich mittig im Oligomerstrang befinden und eine breite Absorptionsbande zwischen 3300 und $3400\,cm^{-1}$ besitzen, werden $\delta$-Typ genannt. Die Spezies $\gamma$ bezeichnet Donorgruppen, deren Absorption bei $3500\,cm^{-1}$ auftritt.

Experimentell bestimmte Zeitkonstanten für die OH-Streckschwingungsrelaxation in Alkohololigomeren sind erst ab Einsatz eines Titan-Saphir-Lasers als Pumpstrahl für den

## 4. Intramolekulare Wasserstoffbrückenbindungen

OPA zuverlässig. Frühere Arbeiten zeigen, dass die damalige Zeitauflösungen für das extrem schnell fluktuierende H-Brückennetzwerk aufgrund der langen Laserpulse ungenügend war.[22,30,106–111]

Seit Verwendung des Titan-Saphir-Lasers wurden 0.1 bis 4 ps für die Lebensdauer des ersten angeregten OH-Streckschwingungszustands von Ethanololigomeren nach Anregung der $\delta$-Spezies angegeben. Diese neuen Messungen zeigen, dass IR-Laserpulse ein Brechen von H-Brücken induzieren.*[97–105] Die Zeitskala für die sich anschließende Rekombination der H-Brücken wird in Ethanololigomeren mit 8 bis 20 ps angegeben.[97–105]

## 4.1. Wasserstoffbrücken in Polyolen

In dieser Arbeit werden stereoselektiv synthetisierte Polyole untersucht, die in Abbildung 4.5 dargestellt sind. Sie stellen Modellverbindungen mit bekannter Länge und Konformation für eindimensional wasserstoffverbrückte Systeme dar. Die Bezeichnung des Alkohols ist abhängig von der Hydroxylgruppenanzahl: Sind zwei OH-Gruppen im Molekül vorhanden, ist $n = 1$ und es wird als Diol bezeichnet. Ein Tetrol besitzt vier OH-Gruppen ($n = 2$) und ein Hexol sechs ($n = 3$). Die Syndiotaktizität des Kohlenstoffgerüsts dient zur Stabilisierung der Polyolkonformation.† Für den Syntheseweg, der auf einer Bor-vermittelten iterativen Aldolkondensation beruht, sind sowohl die in allen Molekülen vorhandenen Etherfunktionen als auch der Benzylring notwendig (vgl. Abschnitt 3.5.1).

Die all-syn-Konformation der Hydroxylgruppen ist schematisch in Abbildung 4.5 auf der linken Seite gezeigt. Die Hydroxylgruppen befinden sich in dieser Anordnung auf derselben Seite des Kohlenstoffrückgrats und können so über H-Brückenbindungen miteinander in Wechselwirkung treten.

Auf der rechten Seite der Abbildung 4.5 ist die Struktur der anti-Polyole gezeigt, in der benachbarte Hydroxylgruppen auf entgegengesetzter Seite des Kohlenstoffrückgrats liegen. Damit wird ein größtmöglicher Abstand zwischen den OH-Gruppen realisiert. Neben der

---

*Erkennbar anhand einer gegenüber der $\delta$-Spezi blauverschobenen Absorption im transienten Spektrum bei Beobachtungszeiten größer als 5 ps.[99]

†Die Methylgruppen stehen in der syndiotaktischen Anordnung in anti-Stellung zu ihren jeweils nächsten Methylgruppen. Diese Konformation wird aus sterischen Gründen (Abstoßung der raumbeanspruchenden Methylgruppen) aufrechterhalten und bestimmt so die Anordnung der OH-Gruppen untereinander.

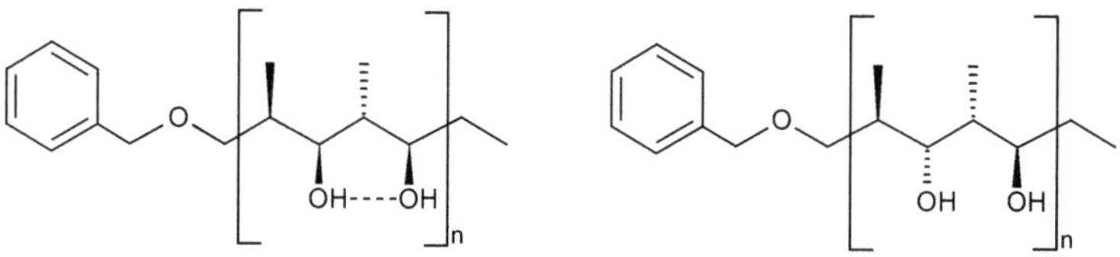

## 4.1. Wasserstoffbrücken in Polyolen

Abbildung 4.5.: Struktur der Polyole: all-syn-Konformation (links), all-anti-Konformation (rechts) der Hydroxylgruppen

Stereochemie besteht scheinbar der Unterschied zwischen anti- und syn-Anordnung in der Möglichkeit H-Brückenbindungen auszubilden.

Für syn- und anti-Tetrol wurden von Vöhringer[76] dichtefunktionaltheoretische Rechnungen[53] (DFT-Rechnungen) auf dem Niveau von RI-DFT unter Verwendung des TZVPP-Basissatzes und dem Becke-Perdew-Funktional[82,83] (BP86) durchgeführt. Die Anwendung der sogenannten RI-Näherung[112] für den Coulombterm der Elektronenabstoßung verkürzt die Rechenzeit erheblich und wurde durch Verwendung des Hilfsbasissatzes TZV/J aus der TURBOMOL[113]-Bibliothek ermöglicht. Diese Rechnungen wurden mit dem von Neese entwickelten ORCA-Programmpaket[114,115] durchgeführt und lieferten energieoptimierte Strukturen, die in den Abbildungen 4.6 und 4.7 gezeigt sind.

In Abbildung 4.6 ist ein ausgedehntes, nahezu lineares H-Brückennetzwerk des syn-Tetrols zu erkennen. Alle vier Hydroxylgruppen weisen in Richtung des Ethersauerstoffs. Auch sind H-Brückenabstände (OH··O) und OHO-Winkel im syn-Tetrol nahezu identisch. Die, in Abbildung 4.7 dargestellte, energieoptimierte Struktur von anti-Tetrol zeigt überraschenderweise ebenfalls eine Ausbildung von H-Brücken. OHO-Winkel und (OH··O)-Abstände variieren im anti-Tetrol. Die H-Brückenabstände im anti-Tetrol sind im Mittel größer als im syn-Tetrol. Das heißt, im anti-Tetrol liegt kein ausgedehntes H-Brückennetzwerk wie im syn-Tetrol vor, sondern es treten nur schwache H-Brücken zwischen benachbarten OH-Gruppen auf.

Aus DFT-Rechnungen werden Schwingungsfrequenzen der optimierten Strukturen erhalten. Nach Neugebauer et al. ist ein Korrekturfaktor von 1.005 zu verwenden, um die Anharmonizität der Schwingungen zu berücksichtigen.[116] Für syn-Tetrol sind Intensitäten der Schwingungsfrequenzen als Histogramm in Abbildung 4.8 blau und für anti-Tetrol rot dargestellt.

## 4. Intramolekulare Wasserstoffbrückenbindungen

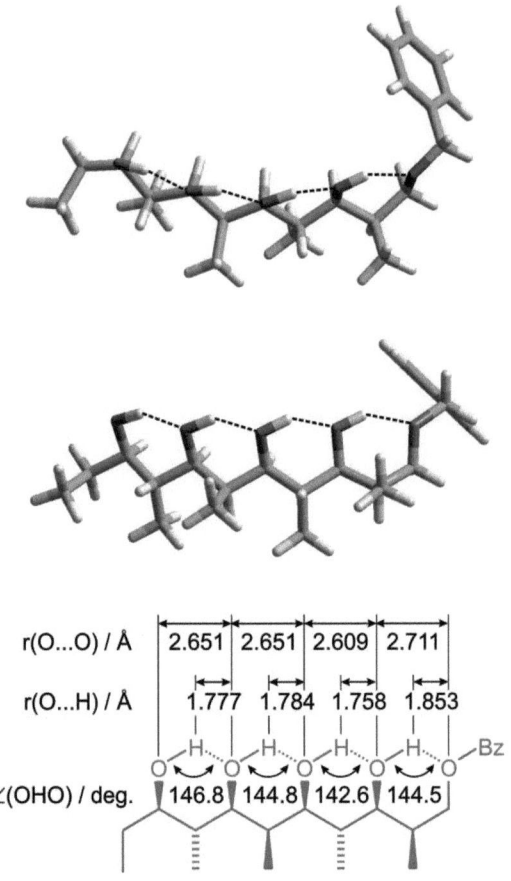

Abbildung 4.6.: Mit DFT-Rechnungen optimierte Struktur des syn-Tetrols: Auf- und Seitenansicht sowie Bindungsparameter des H-Brückennetzwerks

4.1. Wasserstoffbrücken in Polyolen

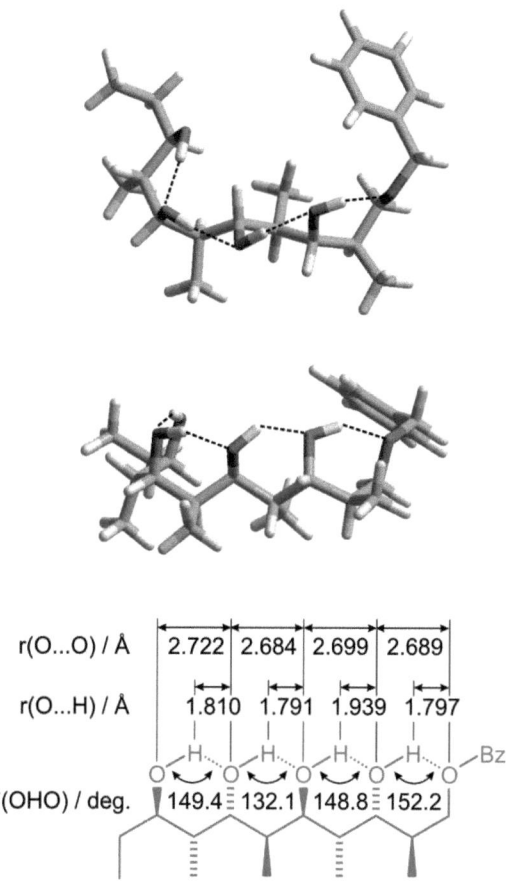

Abbildung 4.7.: Mit DFT-Rechnungen optimierte Struktur des anti-Tetrols: Auf- und Seitenansicht sowie Bindungsparameter des H-Brückennetzwerks

4. Intramolekulare Wasserstoffbrückenbindungen

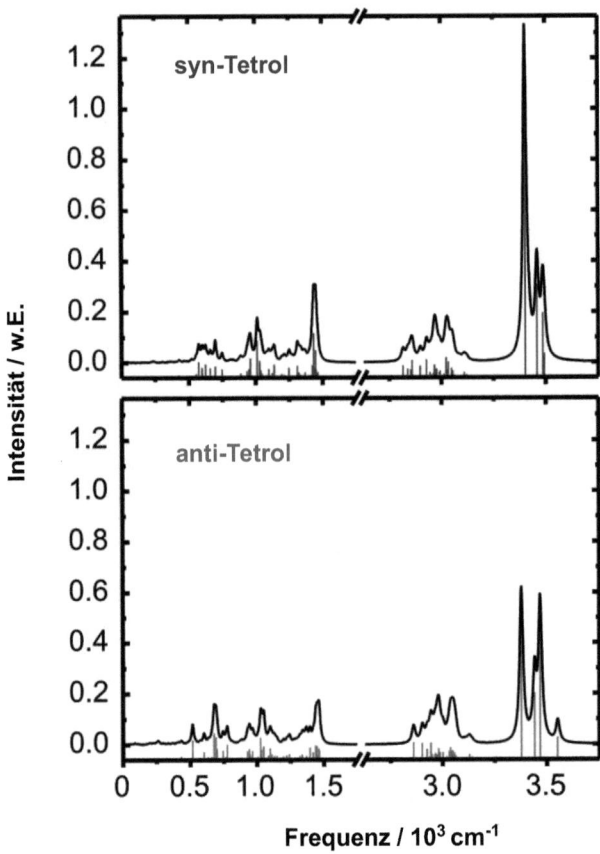

Abbildung 4.8.: Berechnete Schwingungsspektren von syn- und anti-Tetrol in der Gasphase; Histogramm: Anzahl der Häufigkeit einer Frequenz; schwarzes Spektrum: Faltung des Histogramms mit einer Lorentzfunktion mit einer Halbwertsbreite von $20\,\text{cm}^{-1}$.

## 4.1. Wasserstoffbrücken in Polyolen

Berechnete Schwingungsspektren sind schwarz dargestellt und werden durch Faltung des Histogramms mit einem Lorentzprofil mit einer Halbwertsbreite von $20\,\text{cm}^{-1}$ erhalten. Die Schwingungsspektren können grundsätzlich in drei Bereiche unterteilt werden:

- Zwischen 3300 und $3600\,\text{cm}^{-1}$ liegen OH-Streckschwingungen,
- zwischen 2700 und $3200\,\text{cm}^{-1}$ sind CH-Streckschwingungen zu finden,
- zwischen 1250 und $1700\,\text{cm}^{-1}$ absorbieren CH- und OH-Biegeschwingungen sowie CC-Streckschwingungen.

Die im Folgenden diskutierten Experimente und Ergebnisse beziehen sich auf den Bereich der OH-Streckschwingung, da dieser indirekt Auskunft über Wasserstoffbrückenbindungen gibt (vgl. Abschnitt 2.1).

In den berechneten Histogrammen von syn- und anti-Tetrol, gezeigt in Abbildung 4.8, finden sich vier verschiedene OH-Streckschwingungen. Im syn-Tetrol besitzt die Schwingung mit der kleinsten Frequenz die größte Intensität. Entsprechend ähnlichen Abstände und Winkel im syn-Molekül liegen alle vier Streckschwingungen im Vergleich zum anti-Tetrol relativ nah beieinander.

Die DFT-Rechnungen ergeben vier Normalmoden für Schwingungen der OH-Gruppen im syn-Tetrol, die bei $3404\,\text{cm}^{-1}$, $3459\,\text{cm}^{-1}$, $3488\,\text{cm}^{-1}$ und $3494\,\text{cm}^{-1}$ liegen.[11] Die Normalmoden setzen sich aus Linearkombinationen der vier einzelnen OH-Streckschwingungen zusammen und sind in Abbildung 4.9 dargestellt. Bei allen Normalmoden sind die Wasserstoffe der Hydroxyle zum Ethersauerstoff hin ausgerichtet.

Die kleinste Schwingungsfrequenz gehört zu einer Normalmode, in der alle OH-Gruppen in Phase schwingen. Sie ist gleichzeitig die Mode mit der größten Intensität im berechneten Schwingungsspektrum. Die energiereichste Mode, die gleichzeitig die geringste Intensität im Schwingunsspektrum besitzt, liegt bei $3494\,\text{cm}^{-1}$. In dieser Mode schwingen alle OH-Gruppen gegenphasig und bilden somit drei Knotenpunkte. Entsprechend besitzt die Normalmode bei $3459\,\text{cm}^{-1}$ einen und die bei $3488\,\text{cm}^{-1}$ zwei Knoten.

Die Schwingungsanalyse des anti-Tetrols liefert vier OH-Streckschwingungen, die im Vergleich zum syn-Diastereomer erhöhten Lokalmodencharakter besitzen. Ihre Frequenzen

## 4. Intramolekulare Wasserstoffbrückenbindungen

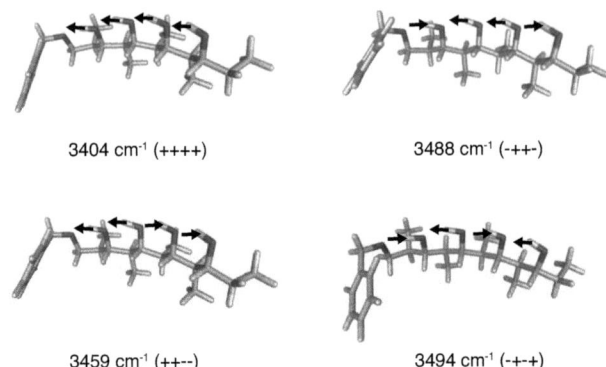

3404 cm⁻¹ (++++)     3488 cm⁻¹ (-++-)

3459 cm⁻¹ (++--)     3494 cm⁻¹ (-+-+)

Abbildung 4.9.: Berechnete Normalmoden des syn-Tetrols in der Gasphase.

hängen von der Position der OH-Gruppe im Molekül ab. Die Schwingung mit einer Frequenz von $3550\,\text{cm}^{-1}$ gehört zu der OH-Gruppe, die ein Wasserstoffatom in die H-Brücke zum Ethersauerstoff einbringt. Die dazu benachbarte OH-Gruppe schwingt mit einer Frequenz von $3469\,\text{cm}^{-1}$. Die beiden verbleibenden OH-Oszillatoren besitzen Schwingungsfrequenzen von 3379 und $3442\,\text{cm}^{-1}$, die als phasengleiche und gegenphasige Streckschwingung beider OH-Gruppen betrachtet werden können.

## 4.2. Statische Absorptionsspektren der Polyole

In Abbildung 4.10 sind normierte Absorptionsspektren (FTIR-Spektren) aller in dieser Arbeit untersuchten Polyole bei einer Konzentration von 7 mmol/L in flüssigem $CDCl_3$ unter Normalbedingungen* dargestellt. Die Verwendung von $CDCl_3$ als Lösungsmittel bietet beispielsweise gegenüber $CCl_4$ den Vorteil, dass im Frequenzbereich der OH-Streckschwingung keine Obertöne des Lösungsmittels vorhanden sind. Die gemessenen Spektren unterscheiden sich in der Bandenform von den berechneten aus Abbildung 4.8, da diese in der Gasphase und nicht in der Lösung durchgeführt wurden. Die individuellen

---

*$T = 298\,\text{K}$ und $p = 1\,\text{bar}$

## 4.2. Statische Absorptionsspektren der Polyole

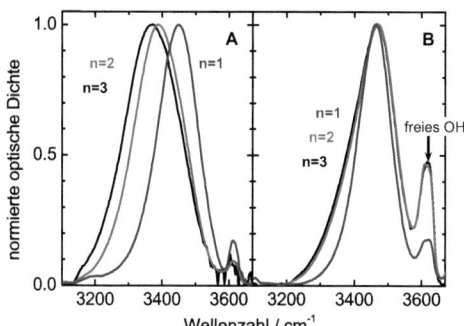

Abbildung 4.10.: Vergleich der statischen, normierten Absorptionsspektren der Polyole in flüssigem $CDCl_3$ unter Normalbedingungen bei einer Konzentration von 7 mmol/L; A: syn-Diol (blau), syn-Tetrol (rot), syn-Hexol (schwarz); B: anti-Diol (blau), anti-Tetrol (rot), anti-Hexol (schwarz)

OH-Resonanzen der Polyole sind somit in Abbildung 4.10 aufgrund der ausgeprägten, für Flüssigkeiten typischen Linienverbreiterung nicht mehr zu erkennen.

Abbildung 4.10 A zeigt den Bereich der OH-Streckschwingungsbande der syn-Polyole. Die drei Spektren weisen eine breite, nahezu gaußförmige Bande mit einem Maximum zwischen $3340\,cm^{-1}$ und $3450\,cm^{-1}$ auf sowie eine schmale zweite Bande, die eine geringere Intensität besitzt und bei $3610\,cm^{-1}$ maximal ist. Die erstgenannte Bande verschiebt sich mit zunehmender Kettenlänge des Moleküls (d.h. in der Reihe: syn-Diol (blau), syn-Tetrol (rot), syn-Hexol (schwarz)) zu kleineren Frequenzen. Zusätzlich zu der Rotverschiebung des Absorptionsmaximums ist eine Zunahme der Bandbreite für syn-Polyole mit der Kettenlänge zu erkennen. Somit bewirkt eine Ausdehnung des H-Brückennetzwerks bei einer syn-Anordnung der Hydroxylgruppen eine Erniedrigung der Resonanzfrequenzen der OH-Streckschwingungsmoden.

In Abbildung 4.10 B sind Absorptionsspektren der anti-Polyole im Bereich der OH-Streckschwingung gezeigt. Im Gegensatz zu den syn-Molekülen ist hier weder eine spektrale Verschiebung der Absorption noch eine deutliche Verbreiterung der Bande mit wachsender Kettenlänge zu beobachten. Anti-Tetrol und anti-Hexol weisen ein minimal blauverscho-

## 4. Intramolekulare Wasserstoffbrückenbindungen

| Polyol | $\tilde{\nu}_1$(max) / cm$^{-1}$ | $\Delta\tilde{\nu}_{FWHM}$ / cm$^{-1}$ | $\tilde{\nu}$(freies OH) / cm$^{-1}$ |
|---|---|---|---|
| syn-Diol | 3450 | 143 | 3610 |
| syn-Tetrol | 3388 | 180 | 3610 |
| syn-Hexol | 3370 | 200 | – |
| anti-Diol | 3463 | 116 | 3610 |
| anti-Tetrol | 3467 | 168 | 3610 |
| anti-Hexol | 3467 | 170 | 3610 |

Tabelle 4.1.: Ergebnisse aus statischen Absorptionsspektren der Polyole in CDCl$_3$
$\tilde{\nu}_1$(max): Frequenz bei maximaler Absorption, $\Delta\tilde{\nu}_{FWHM}$: Frequenzbreite der Hauptbande bei halber Amplitude, $\tilde{\nu}$(freies OH): Frequenz bei maximaler Absorption des freien OH-Oszillators.

benes Absorptionsmaximum und eine breitere Bande gegenüber dem anti-Diol auf. Dies beruht möglicherweise auf einer breiten Verteilung der Schwingungsfrequenzen in langkettigen anti-Polyolen, hervorgerufen durch eine größere Anzahl von lokalen Moden als im anti-Diol.
Zusätzlich zur Bande um 3480 cm$^{-1}$ ist bei den anti-Polyolen eine zweite Bande bei 3610 cm$^{-1}$ stark ausgeprägt. In diesem Frequenzbereich absorbieren Hydroxylgruppen, die entweder keine H-Brücken ausbilden oder als Akzeptor agieren.[106] Die Intensität der Absorption der zusätzlichen Bande, welche im Folgenden als freie OH-Bande bezeichnet wird, nimmt in der Reihe vom anti-Diol (blau), über anti-Tetrol (rot) hin zum anti-Hexol (schwarz) zu.
Eine Zusammenfassung der Ergebnisse aus den statischen Absorptionsspektren ist in Tabelle 4.1 dargestellt.

Zum Vergleich mit Literaturwerten der EtOH-Oligomere in CCl$_4$ sind in Abbildung 4.11 FTIR-Spektren der syn-Polyole in CCl$_4$ gezeigt. Schwarze Pfeile markieren hier Absorptionsfrequenzen der $\alpha$, $\beta$, $\gamma$ und $\delta$- Oszillatoren im EtOH-Oligomerstrang.[97–105] Eine gute Übereinstimmung der Absorptionsfrequenzen von $\alpha$, $\beta$ und $\gamma$ mit den zwei Banden des syn-Diols ist zu erkennen. Die Spezies $\delta$ bezeichnet OH-Gruppen, die mittig im Oligomerstrang

## 4.2. Statische Absorptionsspektren der Polyole

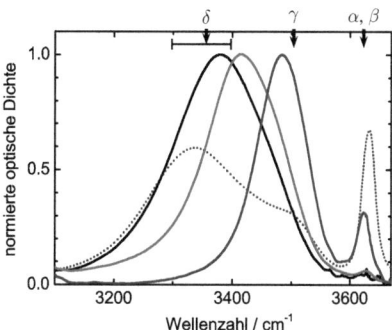

Abbildung 4.11.: Normierte Absorptionsspektren bei Normalbedingungen von syn-Diol (blau), syn-Tetrol (rot), syn-Hexol (schwarz) in flüssigem $CCl_4$ bei einer Konzentration von 6 mmol/L, EtOH in $CCl_4$ aus Abbildung 4.4 (gepunktete Linie); Pfeile geben Frequenzen bei maximaler Absorption der verschiedenen OH-Oszillatoren im EtOH-Oligomerstrang aus [97–105] an.

liegen. Ihr Absorptionsbereich weist Überschneidungen mit dem Spektrum des syn-Hexols auf.

Weiterhin wurden temperaturabhängige Absorptionsspektren aufgenommen. Für syn-Polyole sind sie beispielhaft am syn-Tetrol in Abbildung 4.12 gezeigt. Es ist zu erkennen, dass die charakteristische Bandenform der OH-Streckschwingung erhalten bleibt. Allerdings verschiebt sie sich mit steigender Temperatur zu höheren Frequenzen und nimmt in ihrer Intensität ab. Dies erfolgt für die „Hauptbande" (Maximum bei ca. $3390\,cm^{-1}$) stärker an der niederfrequenten als an der hochfrequenten Flanke. Die Bande der freien OH-Oszillatoren ($3610\,cm^{-1}$) weist keine deutliche Veränderung mit der Temperatur auf.

Als Beispiel für eine Temperaturabhängigkeit der anti-Polyol-Spektren ist anti-Tetrol in Abbildung 4.13 gewählt. Eine Blauverschiebung der Hauptabsorptionsbande (Maximum bei ca. $3470\,cm^{-1}$) und eine Intensitätsabnahme mit steigender Temperatur tritt wie bei den syn-Polyolen auf. Das Absorptionsspektrum des anti-Tetrols verhält sich ab $3520\,cm^{-1}$ nahezu temperaturunabhängig.

## 4. Intramolekulare Wasserstoffbrückenbindungen

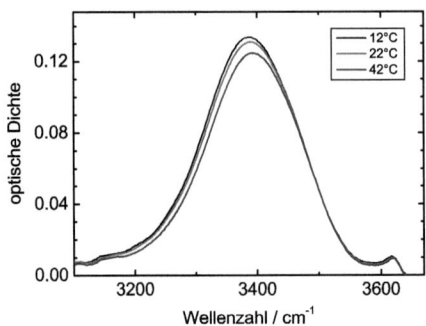

Abbildung 4.12.: Absorptionsspektren der OH-Streckschwingungsbande bei angegebenen Temperaturen für syn-Tetrol in flüssigem $CDCl_3$ bei 1 bar

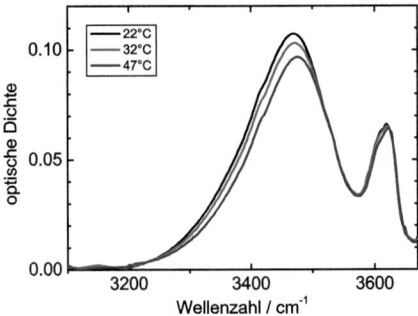

Abbildung 4.13.: Absorptionsspektren der OH-Streckschwingungsbande bei angegebenen Temperaturen für anti-Tetrol in flüssigem $CDCl_3$ bei 1 bar.

4.2. Statische Absorptionsspektren der Polyole

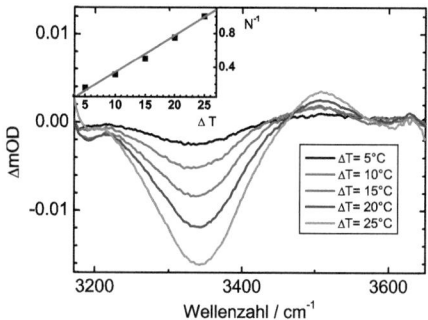

Abbildung 4.14.: Thermische Differenzspektren des syn-Tetrols in $CDCl_3$ bei angegebenen Temperaturdifferenzen; um das Amplitudenminimum der Spektren auf den minimalen Wert im $\Delta 25\,°C$-Differenzspektrum zu skalieren, wird der Normierungsfaktor $N$ verwendet. Der Kehrwert von $N$ ist in der oberen Grafik gegen die Temperaturdifferenz $\Delta T$ aufgetragen.

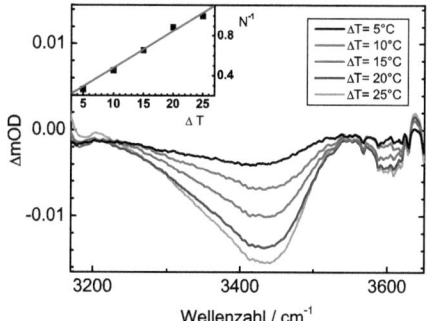

Abbildung 4.15.: Thermische Differenzspektren des anti-Tetrols in $CDCl_3$ bei angegebenen Temperaturdifferenzen; der Normierungsfaktor $N$ wurde wie für syn-Tetrol berechnet (vgl. Legende der Abb. 4.14).

## 4. Intramolekulare Wasserstoffbrückenbindungen

Durch Subtraktion des Absorptionsspektrums bei 22 °C von denen, die bei höheren Temperaturen aufgenommen wurden, ergeben sich thermische Differenzspektren, gezeigt für syn-Tetrol in Abbildung 4.14. Auf der niederfrequenten Flanke der OH-Streckschwingungsresonanz ist ein Ausbleichen und an der höherfrequenten Flanke (ca. $3510\,\text{cm}^{-1}$) eine Absorption zu erkennen, die beide mit steigender Temperaturdifferenz zunehmen. Kehrwerte der Skalierungsfaktoren, um die thermischen Differenzspektren zu normieren, sind in Abb. 4.14 links oben gegen den Temperaturunterschied aufgetragen. Anhand dessen ist ein linearer Zusammenhang zwischen differentieller optischer Dichte und Temperaturdifferenz zu erkennen.

Die Differenzspektren des anti-Tetrols, gezeigt in Abbildung 4.15, weisen ein Ausbleichen der OH-Zustände bei kleinen Frequenzen sowie bei denen des freien OH-Oszillators auf und besitzen keine blauverschobene Absorption wie die Differenzspektren der syn-Polyole. Die Kehrwerte der Normierungsfaktoren für das anti-Tetrol skalieren ebenfalls linear mit der Temperaturdifferenz.

Die Ursache für die Form der Differenzspektren liegt darin, dass bei steigender Temperatur bevorzugt angeregte Schwingungszustände niederfrequenter Gerüstmoden bevölkert werden.[11] Aufgrund der anharmonischen Kopplung dieser Moden mit der OH-Streckschwingung ist der Effekt als ein Ausbleichen im OH-Frequenzbereich des Spektrums von syn- und anti-Tetrol sichtbar. Für syn-Tetrol vergrößern sich zusätzlich mit einer Temperaturzunahme die Abstände im ausgedehnten H-Brückennetzwerk und es resultiert eine blauverschobene Absorption der OH-Streckschwingungsresonanz. Aufgrund der Absorptionsfrequenz kann ausgeschlossen werden, dass die H-Brückenbindungen vollständig brechen, da diese bei $3610\,\text{cm}^{-1}$ an Stelle von $3510\,\text{cm}^{-1}$ absorbieren würden.

Für syn-Diol und syn-Hexol sowie anti-Diol und anti-Hexol finden sich temperaturabhängige Absorptionsspektren im Anhang auf Seite 138. Sie weisen entsprechend ihrer Konformation dieselben Charakteristika wie die exemplarisch vorgestellten Tetrole auf.

## 4.3. Dynamik der Wasserstoffbrücken in Polyolen

Informationen über die Dynamik der Wasserstoffbrückennetzwerke können aus molekulardynamischen Simulationen erhalten werden. Im Falle der unpolaren Lösungsmittel bietet es sich an, Langevin-Simulationen[117] durchzuführen, da die molekulare Struktur der Umgebung der Polyole nur von untergeordneter Bedeutung ist. Dabei wird der Einfluss des Bades phänomenologisch als Reibungskraft in die klassische Bewegungsgleichung der Atome eingeführt. Für die Polyole wurde das klassische AMBER-Kraftfeld[118] genutzt. Die Simulationen wurden von Vöhringer[76] unter Verwendung des HYPERCHEM Programmpakets durchgeführt. Der Verlet-Algorithmus[119] wurde zur Integration der Langevin'schen Bewegungsgleichungen genutzt, wobei eine Schrittweite von 1 fs und ein aus dem Eigendiffusionskoeffizienten des Lösungsmittels abgeleiteter Reibungskoeffizient von $10\,\text{ps}^{-1}$ verwendet wurde (s. Abschnitt 2.4.3). Während der Äquilibrierung der von AMBER optimierten Strukturen wird die Geschwindigkeit zu jedem Zeitpunkt neu angepasst und dabei mit einem externen Wärmebad von 300 K und einer Relaxationszeit von 100 fs gekoppelt.

In Abbildung 4.16 sind repräsentative Trajektorien aller vier H-Brücken sowohl des syn- (oben) als auch des anti-Tetrols (unten) für eine Dauer von 50 ps gezeigt. Die Nummerierung der H-Brücken in Polyolen beginnt mit eins bei der H-Brücke, die zum Ethersauerstoff hin ausgerichtet ist, also entsprechend Abbildung 4.6 und 4.7 von rechts nach links. Für die vier H-Brücken im syn- und anti-Tetrol ist die Länge der H-Brückenbindung $r(O \cdots H)$ gegen die Beobachtungsdauer aufgetragen. Ab 40 ps besitzen die Abszissen in Abbildung 4.16 eine feinere Skalierung um die Dynamik des H-Brückennetzwerks besser aufzulösen. Es ist eine deutlich größere Fluktuation aller vier H-Brücken im anti- gegenüber dem syn-Tetrol zu erkennen. Für syn-Tetrol kann nur ein einzelnes Brechen der H-Brücke 1 anhand einer Vergrößerung des Bindungsabstands um etwa 1.5 Å bei 11 ps beobachtet werden. Bereits nach 1 ps rekombiniert diese H-Brücke. Die drei anderen H-Brücken im syn-Tetrol bleiben über den gesamten Beobachtungszeitraum intakt und fluktuieren um ihre Gleichgewichtslage mit einer Standardabweichung von 0.1 Å. Hingegen findet im anti-Tetrol ein kontinuierliches Brechen und Knüpfen der H-Brücken statt. Entsprechend groß ist die Variation der $(O \cdots H)$-Bindungsabstände, die 2 bis 4 Å betragen.

## 4. Intramolekulare Wasserstoffbrückenbindungen

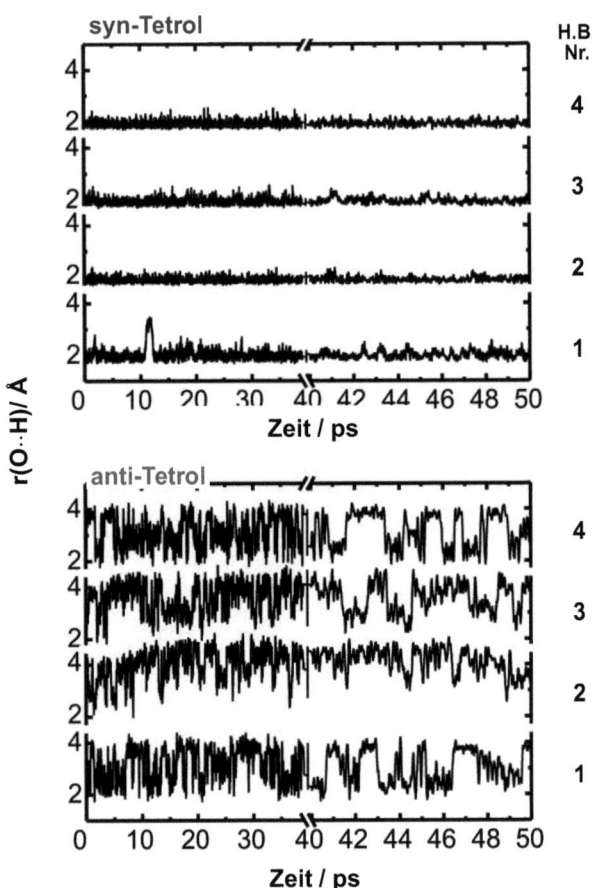

Abbildung 4.16.: Simulation der Dynamik von H-Brückenlängen in Polyolen: syn-Tetrol (oben), anti-Tetrol (unten); H.B. Nr.: Nummer der Wasserstoffbrückenbindung

4.3. Dynamik der Wasserstoffbrücken in Polyolen

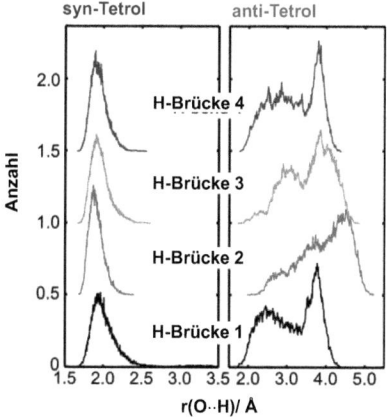

Abbildung 4.17.: Verteilung der H-Brückenlänge für syn-Tetrol (links) und anti-Tetrol (rechts) innerhalb 50 ps

Aus den Trajektorien in Abbildung 4.16 wird eine Häufigkeit des H-Brückenbindungsabstands $r(O \cdots H)$ erhalten.* Die entsprechende Verteilung für jede H-Brücke im syn-Tetrol ist in Abbildung 4.17 auf der linken Seite dargestellt. Alle vier H-Brücken zeigen eine relativ kleine Variation um den mittleren Bindungsabstand von 1.8 Å. Syn-Tetrol besitzt somit eine relativ einheitliche geometrische Struktur und ein stabiles H-Brückennetzwerk, welches nur kleinen thermischen Fluktuationen unterliegt, wie es beispielsweise auch in Eis[120] zu finden ist.
Entsprechend der Trajektorien unterscheidet sich die Verteilungsfunktion der H-Brückenabstände im anti-Tetrol, dargestellt in Abbildung 4.17 rechts, deutlich von der des syn-Tetrols. Im anti-Tetrol sind die Verteilungen offensichtlich breiter und zu größeren Werten hin verschoben. Es liegt somit ein schnell fluktuierendes Brückennetzwerk vor, in dem Bindungen ständig gebrochen und neu geformt werden, wie es in flüssigem Wasser[10] vorzufinden ist. Im Ensemble hat daher das Netzwerk keine einheitliche Geometrie.

---

*Hierfür werden die Ereignisse mit demselben mittleren Bindungsabstand in einem gewählten Zeitintervall gezählt.

4. Intramolekulare Wasserstoffbrückenbindungen

Die Ergebnisse der Simulationsrechnungen stehen in guter Übereinkunft mit $^1$H-NMR-Messungen von Paterson et al., in denen für syn-Tetrol vier einzelne $^1$H-Kernresonanzen der Hydroxylgruppen aufgelöst sind.[93] Im syn-Tetrol besitzen alle vier OH-Gruppen ihre eigene charakteristische chemische Umgebung, die auf der NMR-Zeitskala stabil ist.* Hingegen messen Paterson und Mitarbeiter für anti-Tetrol nur eine $^1$H-Kernresonanz die allen vier Hydroxylgruppen entspricht. Dieses Koaleszenz-Phänomen wird anhand der MD-Simulationen verständlich: Die zeitliche Auflösung von NMR-Messungen am anti-Tetrol ist im Vergleich zur schnellen Dynamik des H-Brückennetzwerks nicht ausreichend. Bei einer großen Fluktuation der H-Brücken, wie sie im anti-Tetrol vorliegt, besitzen die Wasserstoffe der Hydroxylgruppen im Mittel alle dieselbe chemische Umgebung.

## 4.4. Transiente Spektren der Polyole

Transiente Spektren† aller sechs Polyole in $CDCl_3$ sind in Abbildung 4.18 bis 4.24 gezeigt. Die linearen Infraroten-Absorptionsspektren der Moleküle im Spektralbereich der OH-Streckschwingung sind als schwarze Kurven dargestellt. Demgegenüber sind die Spektren der jeweils verwendeten Pumppulse mit roten Kurven wiedergegeben. Es wurde darauf geachtet, dass der Pumplaser optimal auf die OH-Streckschwingungsresonanz abgestimmt war. Im Falle des anti-Tetrols wurde der Pumppuls darüber hinaus variiert, um zusätzlich den Bereich des freien OH-Oszillators gezielt anzuregen.
Ein Ausbleichen des OH-Streckschwingungsgrundzustands und eine stimulierte Emission aus dem ersten angeregten Zustand ist in den Abbildung 4.18 bis 4.24 anhand einer negativen differentiellen optischen Dichte zu erkennen, die im Pikosekundenbereich abklingt. Bei allen Polyolen mit Ausnahme des syn-Hexols wird zudem eine transiente Restabsorption beobachtet, die zum Ausbleichen blauverschoben ist.
Eine weitere zum Ausbleichen rotverschobene transiente Absorption findet sich für alle Polyole. Diese Absorption entspricht dem anharmonisch verschobenen Übergang von $|1\rangle$ nach

---

*Das heißt, Umwandlung in andere stabile Konformationen, die eine Linienverbreiterung verursachen würde, sind im NMR-Spektrum nicht sichtbar.
†Das Prinzip der Pump-Probe-Spektroskopie und das Entstehen von transienten Spektren wurde in Abschnitt 2.3.2 und 2.3.3 beschrieben.

## 4.4. Transiente Spektren der Polyole

| Polyol | $\tilde{\nu}_{max}$(Abs.) / cm$^{-1}$ | $\tilde{\nu}$(Mitte) / cm$^{-1}$ | $\tilde{\nu}_{max}$(Ausbl.) / cm$^{-1}$ |
|---|---|---|---|
| anti-Diol | 3230 | 3340 | 3450 |
| anti-Tetrol | 3240 | 3340 | 3465 |
| anti-Hexol | 3240 | 3345 | 3470 |
| syn-Diol | 3230 | 3350 | 3450 |
| syn-Tetrol | 3190 | 3300 | 3380 |
| syn-Hexol | 3140 | 3240 | 3360 |

Tabelle 4.2.: $\tilde{\nu}_{max}$(Abs.): Frequenz der maximalen transienten Absorption; $\tilde{\nu}$(Mitte): Frequenz in der Mitte zwischen maximaler Absorption und maximalem Ausbleichen; $\tilde{\nu}_{max}$(Ausbl.): Frequenz des maximalen Ausbleichens.

$|2\rangle$ und relaxiert im Beobachtungszeitraum ohne eine Frequenzverschiebung des Maximums innerhalb des Signal-Rauschverhältnisses auf eine differentielle optische Dichte von Null. Die Probefrequenzen markanter Punkte in den transienten Spektren sind in Tabelle 4.2 für alle Polyole zusammengefasst.

Die beiden unterschiedlichen Konformationen der Polyole wirken sich auf die Relaxation der transienten Spektren aus. Das Ausbleichen der anti-Polyole klingt ohne eine Frequenzverschiebung des Minimums ab, so dass die jeweiligen transienten Spektren einen isosbestischen Punkt aufweisen. Hingegen zeigt das Ausbleichen der syn-Polyole eine niederfrequente Verschiebung mit Zunahme der Verzögerungszeit, so dass kein isosbestischer Punkt zu erkennen ist.

Pump-Probe-Experimente für anti-Tetrol wurden zum einen bei gleichzeitiger Anregung der Banden H-verbrückter Hydroxylgruppen sowie freier OH-Oszillatoren (Abb. 4.19) und zum anderen nach separater Anregung der H-verbrückten Hydroxylgruppen (Abb. 4.20) durchgeführt. Das transiente Spektrum bei einer Verzögerungszeit von 10 ps nach Anregung beider Banden (4.19) zeigt deutlicher eine blauverschobene Absorption gegenüber dem nach einer selektiven Anregung der wasserstoffverbrückten OH-Oszillatoren (4.20).

## 4. Intramolekulare Wasserstoffbrückenbindungen

**Transiente Spektren der anti-Polyole in CDCl₃ bei angegebenen Zeiten nach der Anregung:** Die jeweiligen linearen Absorptionsspektren jedes Moleküls sind schwarz und die Spektren des Anregungspulses rot dargestellt.

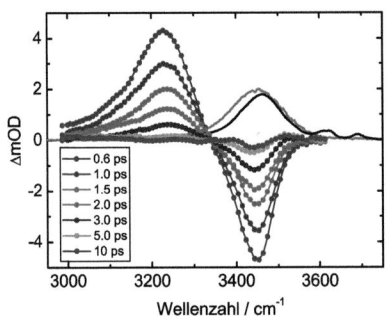

Abbildung 4.18.: anti-Diol

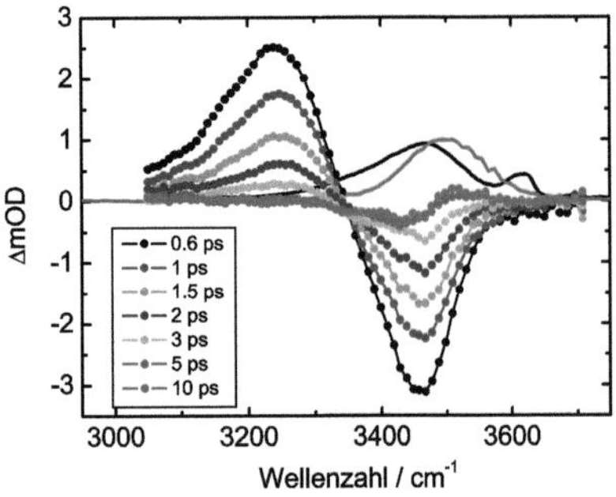

Abbildung 4.19.: anti-Tetrol I
Pump = $3505\,\mathrm{cm}^{-1}$

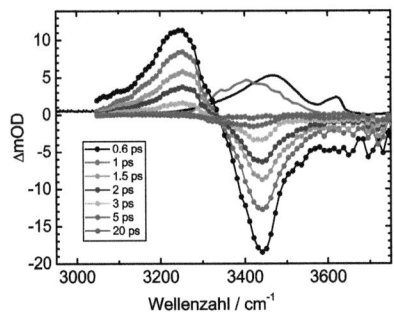
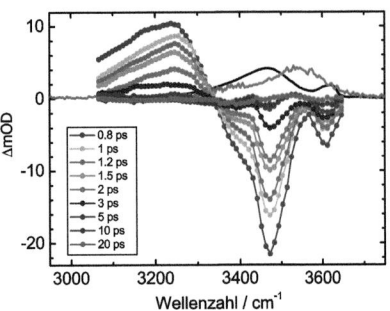

Abbildung 4.20.: anti-Tetrol II
Pump = $3415\,\mathrm{cm}^{-1}$

Abbildung 4.21.: anti-Hexol

## 4.4. Transiente Spektren der Polyole

**Transiente Spektren der syn-Polyole in CDCl$_3$ bei angegebenen Zeiten nach der Anregung:** Die jeweiligen linearen Absorptionsspektren jedes Moleküls sind schwarz und die Spektren des Anregungspulses rot dargestellt.

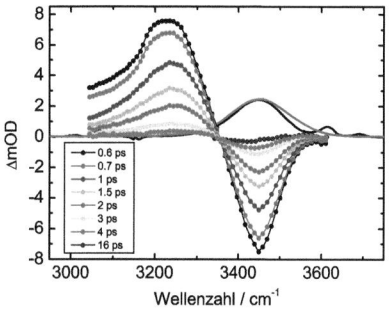

Abbildung 4.22.: syn-Diol

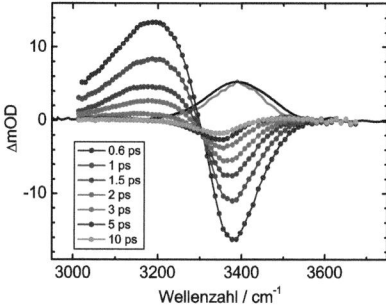

Abbildung 4.23.: syn-Tetrol

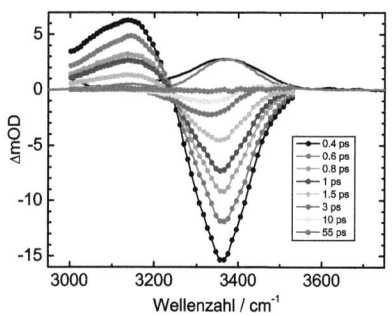

Abbildung 4.24.: syn-Hexol

## 4. Intramolekulare Wasserstoffbrückenbindungen

Transiente Spektren des anti-Hexols, dargestellt in Abbildung 4.21, weisen im Unterschied zu den anderen transienten Spektren ein ausgeprägtes Ausbleichen der freien OH-Bande bei $3612\,\text{cm}^{-1}$ auf, da hier mit einem blauverschobenen Pumppuls angeregt wurde. Das zu erwartende positive Signal einer transienten, anharmonisch verschobenen Absorption der freien OH-Bande wird vermutlich von einem negativen Signal der Entvölkerung des Schwingungsgrundzustandes der H-verbrückten Moleküle überdeckt. Es ist zu erkennen, dass das Ausbleichen der freien OH-Bande langsamer als das der H-verbrückten Spezies (Hauptbande) abklingt.

Zum Vergleich der Dynamik sind die zeitaufgelösten Signale der syn-Polyole in Abbildung 4.25 am Maximum der transienten Absorption in einer halblogarithmischen Darstellung aufgetragen. Grundsätzlich kann an jedem Punkt des transienten Spektrums das entsprechende transiente Signal dargestellt werden (vgl. Abschnitt 2.3.2 und 2.3.3). Alle drei transienten Signale in Abbildung 4.25 relaxieren nahezu monoexponentiell. Mit Zunahme der Ausdehnung des H-Brückennetzwerks klingen sie schneller ab und zeigen damit eine in der Reihenfolge syn-Diol – syn-Tetrol – syn-Hexol abnehmende Lebensdauer des ersten angeregten Zustands der OH-Streckschwingung.

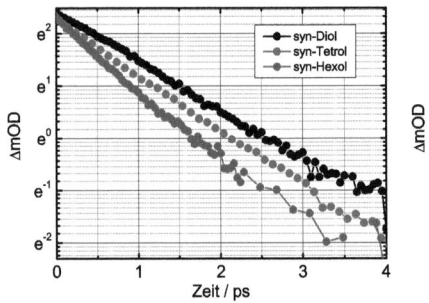
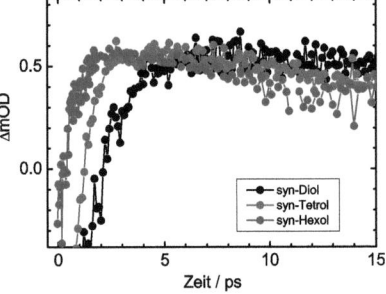

Abbildung 4.25.: Vergleich der Dynamik am Maximum der transienten Spektren der syn-Polyole I

Abbildung 4.26.: Vergleich der Dynamik an dem hochfrequenten Rand der Spektren der syn-Polyole II

In Abbildung 4.26 sind transiente Signale der drei syn-Polyole dargestellt, die am hochfrequenten Rand des transienten Spektrums aufgenommen wurden. Die transienten Signale verlaufen offensichtlich biexponentiell und werden zunächst durch ein Ausbleichen und anschließend durch eine Absorption determiniert.
Die Relaxation des Ausbleichens wird durch eine kurze Lebensdauer beschrieben, die wie bei den Signalen am Maximum des transienten Spektrums in der Reihe syn-Diol – syn-Tetrol – syn-Hexol abnimmt. Die sich anschließende Absorption klingt mit Zunahme der am H-Brückennetzwerk beteiligten Hydroxylen schneller ab und weist damit denselben Zusammenhang mit der Kettenlänge auf wie die erste Lebensdauer.
Weitere transiente Signale für alle Polyole sind im Anhang ab Seite 139 zu finden.

## 4.5. Diskussion

Die sechs untersuchten Polyole können aufgrund ihrer Konformation und den daraus resultierenden spektroskopischen und dynamischen Eigenschaften in zwei Gruppen eingeteilt werden. Zum einen liegt in den anti-Polyolen ein stark fluktuierendes, schwach H-verbrücktes Netzwerk vor. Zum anderen findet sich bei den syn-Polyolen ein stark vernetztes H-Brückensystem, welches selbst bei Raumtemperatur über mehrere Pikosekunden stabil ist.

Um zunächst die Dynamik der **syn-Polyole** phänomenologisch zu charakterisieren, werden die transienten Signale[*] durch eine multiexponentielle Modellfunktion

$$f(t,\widetilde{\nu}) = \sum_i A_i(\widetilde{\nu}) \cdot e^{-t \cdot k_i} \qquad (4.1)$$

angepasst (vgl. Abb. F.5 bis F.7 im Anhang auf Seite 141 f.). Dabei sind die Amplituden $A_i(\widetilde{\nu})$ von der Probefrequenz abhängig und werden für jedes der transienten Signale[†] variiert. Die Zeitkonstanten $k_i$ gehen als molekülspezifische Parameter ein und sind unabhängig

---
[*] Die Begriffe „transientes Signal" und „transientes Spektrum" wurden in Abschnitt 2.3.2 erläutert.
[†] Für jedes Molekül wurden etwa 100 transiente Signale aufgezeichnet.

## 4. Intramolekulare Wasserstoffbrückenbindungen

von der verwendeten Probefrequenz. Da für alle syn-Polyole mindestens eine biexponentielle Anpassung notwendig ist (s. Abb. 4.26), um die transienten Signale befriedigend* zu beschreiben, muss die Relaxation nach Anregung mit einem Laserpuls über mindestens zwei Zustände erfolgen (vgl. Kapitel 2.3.3). Zusätzlich wird für syn-Tetrol und syn-Hexol eine Restsignalintensität gefunden, die innerhalb der maximalen Verzögerungszeit $t_{\text{Max}}$ nicht abzuklingen scheint. Demnach sind diese Moleküle am Ende der Beobachtungsdauer $t_{\text{Max}}$ noch nicht in ihr ursprüngliches thermisches Gleichgewicht relaxiert und die verwendete Modellfunktion ergibt sich mit

$$f_{\text{syn}}(t, \widetilde{\nu}) = A_1(\widetilde{\nu}) \cdot e^{-t \cdot k_1} + A_2(\widetilde{\nu}) \cdot e^{-t \cdot k_2} + A_3(\widetilde{\nu}). \qquad (4.2)$$

Die Zeitkonstanten $k_1$ und $k_2$, die verwendeten Amplituden und die maximal gemessene Verzögerungszeit $t_{\text{Max}}$ zwischen Pump- und Probepuls sind in Tabelle 4.3 angegeben.

| Polyol | $\tau_1$ / ps | $\tau_2$ / ps | $t_{\text{Max}}$ / ps | $\Delta\widetilde{\nu}$ / cm$^{-1}$ | Fitparameter |
|---|---|---|---|---|---|
| **syn-Diol** | 1.2 | 20 | 16 | 215 | $A_1(\widetilde{\nu}), A_2(\widetilde{\nu})$ |
| **syn-Tetrol** | 0.9 | 16 | 25 | 210 | $A_1(\widetilde{\nu}), A_2(\widetilde{\nu}), A_3(\widetilde{\nu})$ |
| **syn-Hexol** | 0.7 | 12 | 30 | 230 | $A_1(\widetilde{\nu}), A_2(\widetilde{\nu}), A_3(\widetilde{\nu})$ |

Tabelle 4.3.: Zusammenfassung der Ergebnisse für die syn-Polyole; $\tau_i = 1/k_i$: Lebensdauer, $t_{\text{Max}}$: Beobachtungsdauer, $\Delta\widetilde{\nu} = \widetilde{\nu}_{\text{Max}}(\Delta\sigma) - \widetilde{\nu}_{\text{Min}}(\Delta\sigma)$

Das in Abbildung 4.27 dargestellte Modell, ist in der Lage diese Ergebnisse befriedigend zu beschreiben. Besetzungen der hier gezeigten Zustände in Abhängigkeit von der Zeit $t$ nach

---

*Ein transientes Signal gilt hier als befriedigend beschrieben, wenn die multiexponentielle Modellfunktion möglichst wenig Summanden besitzt und gleichzeitig die Residualfunktion kein exponentielles Verhalten mehr aufweist. Als Residual $r$ wird die Differenz zwischen der angepassten Funktion $f(t)$ und des gemessenen Signals $g(t)$ an jedem Datenpunkt $t$ bezeichnet. Die Residualfunktion ist für alle gemessenen Datenpunkte $t$ mit $r(t) = g(t) - f(t)$ berechenbar.

## 4.5. Diskussion

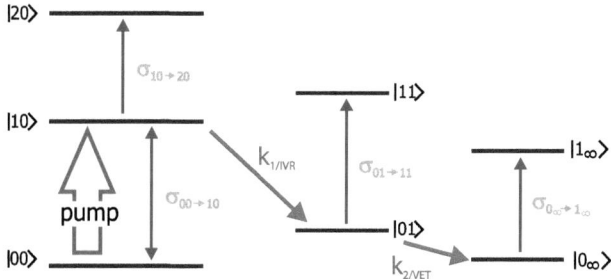

Abbildung 4.27.: Modell für die syn-Polyole mit spektroskopisch sichtbaren Übergängen. $|00\rangle$: Grundzustand der OH-Streckschwingung, $|10\rangle$, $|20\rangle$: erster und zweiter angeregter Zustand der OH-Streckschwingung, $|01\rangle$: thermisch angeregter Zustand, $|0_\infty\rangle$: Besetzter Zustand am Ende der Beobachtungsdauer $t_{Max}$

Anregung mit einem Pumppuls sind gegeben durch

$$\frac{d[|10\rangle]}{dt} = -k_1[|10\rangle] \tag{4.3}$$

$$\frac{d[|01\rangle]}{dt} = k_1[|10\rangle] - k_2[|01\rangle] \tag{4.4}$$

$$\frac{d[|0_\infty\rangle]}{dt} = k_2[|01\rangle]. \tag{4.5}$$

Löst man dieses Gleichungssystem analytisch, detailliert beschrieben im Anhang auf Seite 147, wird für das pumpinduzierte Signal zum Zeitpunkt $t$ bei der Probefrequenz $\tilde{\nu}$ eine differentielle optische Dichte von

$$\Delta OD'_{\text{syn}}(t, \tilde{\nu}) = \frac{k_1(\Delta\sigma - \Delta\sigma_{nb}) - k_2(\Delta\sigma - \Delta\sigma_\infty)}{k_1 - k_2} \cdot \exp(-k_1 t)$$

$$+ \frac{k_1(\Delta\sigma_{nb} - \Delta\sigma_\infty)}{k_1 - k_2} \cdot \exp(-k_2 t) + \Delta\sigma_\infty \tag{4.6}$$

91

## 4. Intramolekulare Wasserstoffbrückenbindungen

erhalten. Die differentiellen Absorptionskoeffizienten $\Delta\sigma_i = \Delta\sigma_i(\tilde{\nu})$ werden aus den Amplituden $A_1(\tilde{\nu})$ bis $A_3(\tilde{\nu})$ berechnet (vgl. Anhang H) und sind für die syn-Polyole in Abbildung 4.28 bis 4.30 gegen die Probefrequenz $\tilde{\nu}$ aufgetragen.

Die Größe $\Delta\sigma(\tilde{\nu}) = \sigma_{10\to 20}(\tilde{\nu}) - 2\sigma_{00\to 10}(\tilde{\nu})$ charakterisiert das Absorptionsverhalten des jeweiligen Moleküls unmittelbar nach Anregung der OH-Streckschwingung, wenn es sich im Zustand $|10\rangle$ befindet. In den Abbildungen 4.28 bis 4.30 weist $\Delta\sigma(\tilde{\nu})$ erwartungsgemäß ein Ausbleichen des Grundzustands sowie eine dazu rotverschobene transiente Absorption auf. Der Frequenzunterschied zwischen Maximum und Minimum von $\Delta\sigma(\tilde{\nu})$ gibt die Anharmonizität $\Delta\tilde{\nu}$ der OH-Streckschwingung des Molekülensembles an, unter der Voraussetzung, dass die Bandbreite der Absorption kleiner als die Anharmonizität ist (s. Anhang G). Dies ist hier nicht eindeutig gegeben, da die Bandbreite etwa 200 cm$^{-1}$ und der Frequenzunterschied zwischen Maximum und Minimum etwa 220 cm$^{-1}$ beträgt, so dass die in Tabelle 4.3 aufgeführten Ergebnisse für $\Delta\tilde{\nu}$ nur einer Abschätzung der Anharmonizität entsprechen. Trotzdem findet sich eine gute Übereinstimmung von $\Delta\tilde{\nu}$ der syn-Polyole mit der Anharmonitzität, die Laenen et al.[99] für Ethanololigomere gelöst in CCl$_4$ mit 230 cm$^{-1}$ angeben.

Nach der Anregung gehen die Moleküle mit einer Zeitkonstante $k_1$ von $|10\rangle$ in den Zustand $|01\rangle$ über, der durch den differentiellen Absorptionskoeffizienten $\Delta\sigma_{nb}(\tilde{\nu}) = \sigma_{01\to 11}(\tilde{\nu}) - \sigma_{00\to 10}(\tilde{\nu})$ charakterisiert wird. Am Ende der Beobachtungsdauer $t_{\text{Max}}$ liegen die syn-Polyole im Zustand $|0_\infty\rangle$ mit dem differentiellen Absorptionskoeffizienten $\Delta\sigma_\infty(\tilde{\nu}) = \sigma_{0\infty\to 1\infty}(\tilde{\nu}) - \sigma_{00\to 10}(\tilde{\nu})$ vor. Aufgrund seiner kleinen Amplitude im Vergleich zu $\Delta\sigma(\tilde{\nu})$ ist dieser in den Abbildungen 4.29 und 4.30 30-fach vergrößert dargestellt. Die Größe $\Delta\sigma_\infty(\tilde{\nu})$ wird benötigt, um dem limitierten Verzögerungsfenster Rechnung zu tragen. Ganz offensichtlich ist es allen untersuchten Systemen nicht möglich, innerhalb von $t_{\text{Max}}$ den vollständig thermalisierten Grundzustand wiederherzustellen.

Von besonderem Interesse ist der differentielle Absorptionskoeffizient $\Delta\sigma_{nb}(\tilde{\nu})$, da er Aufschluss über den bisher unbekannten Zustand $|01\rangle$ liefert. Analoge fs-MIR-spektroskopische Untersuchungen an flüssigem Wasser[19,21,121] sowie an Alkohololigomeren[20,97,100,102,103,105,122] zeigten ebenfalls eine zum Grundzustandsausbleichen blauverschobene Absorption, die mit einem Aufheizen des Beobachtungsvolumens interpretiert wurde. Um für die syn-Polyole zu prüfen, ob es sich bei dem zwischenzeitlich besetzten Zustand um

4.5. Diskussion

**Differentielle Absorptionskoeffizienten der syn-Polyole**

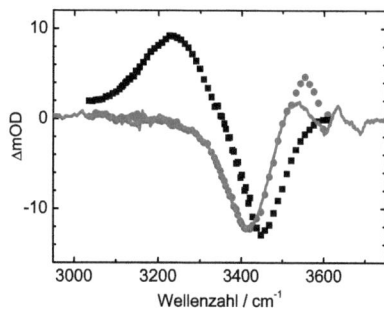
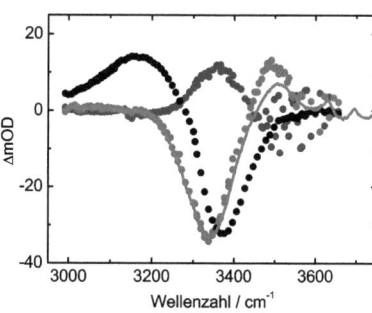

Abbildung 4.28.: Diol: $\Delta\sigma(\tilde{\nu})$ (schwarz), $\Delta\sigma_{nb}(\tilde{\nu}) \cdot 18$ (rot), thermisches Differenzspektrum für $\Delta T = 20\,°\mathrm{C}$ (grau)

Abbildung 4.29.: Tetrol: $\Delta\sigma(\tilde{\nu})$ (schwarz), $\Delta\sigma_{nb}(\tilde{\nu}) \cdot 8.5$ (rot), $\Delta\sigma_{\infty}(\tilde{\nu}) \cdot 30$ (blau), thermisches Differenzspektrum für $\Delta T = 25\,°\mathrm{C}$ $\cdot 1.5$ (grau)

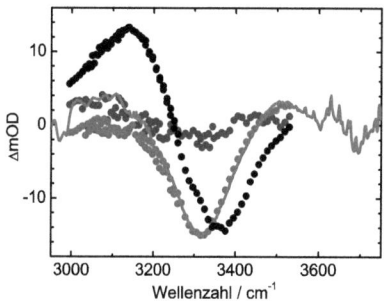

Abbildung 4.30.: Hexol: $\Delta\sigma(\tilde{\nu})$ (schwarz), $\Delta\sigma_{nb}(\tilde{\nu}) \cdot 7$ (rot), $\Delta\sigma_{\infty}(\tilde{\nu}) \cdot 30$ (blau), thermisches Differenzspektrum für $\Delta T = 20\,°\mathrm{C}$ (grau)

### 4. Intramolekulare Wasserstoffbrückenbindungen

das thermisch aufgeheizte Ensemble handelt, sind in den drei Abbildungen 4.28 bis 4.30 den differentiellen Absorptionskoeffizienten thermische Differenzspektren (grau) gegenübergestellt. Diese können auf $\Delta\sigma_{nb}(\tilde{\nu})$ skaliert werden, da ein linearer Zusammenhang zwischen differentieller optischer Dichte des Spektrums und der Temperaturdifferenz besteht, wie in Abbildung 4.15 gezeigt wurde. Für alle syn-Polyole ist eine quantitative Übereinstimmung des thermischen Differenzspektrums mit dem differentiellen Absorptionskoeffizient $\Delta\sigma_{nb}(\tilde{\nu})$ vorhanden.

Nun kann im Zusammenhang mit den differentiellen Absorptionskoeffizienten und der aus den Anpassungen erhaltenen Zeitkonstanten der Abklingprozess der syn-Polyole umfassend interpretiert werden. Nach selektiver Anregung der OH-Streckschwingung gehen Moleküle in ihren ersten angeregten Zustand $|10\rangle$ über. Abhängig von der Anzahl der am H-Brückennetzwerk beteiligten Hydroxylgruppen, wird Energie innerhalb von 0.7 bis 1.2 ps intramolekular über alle Freiheitsgrade im Molekül verteilt. Für diesen IVR-Prozess können nach Laenen et al. CH-Schwingungen als Akzeptormoden dienen.[122] Gleichzeitig vergrößert sich der mittlere H-Brückenabstand, was anhand einer blauverschobenen Absorption im differentiellen Absorptionskoeffizienten $\Delta\sigma_{nb}(\tilde{\nu})$ zu erkennen ist. Der Zustand $|01\rangle$ besitzt eine Lebensdauer von 12 bis 20 ps, ebenfalls abhängig von der Kettenlänge des syn-Polyols. Im Anschluss daran wird Energie auf das Lösungsmittel abgegeben (VET) und H-Brückenbindungen rekombinieren auf ihren ursprünglichen Bindungsabstand. IVR- und VET-Prozess zeigen beide eine Verkürzung ihrer Zeitkonstanten $k_1$ und $k_2$ mit zunehmender Länge des H-Brückennetzwerks.

Die Abhängigkeit der Zeitkonstante $k_1$ des IVR-Prozesses lässt sich durch Betrachten der Situation direkt nach Anregung der OH-Streckschwingung verstehen. Der Pumppuls regt nicht eine einzelne Streckschwingung einer Hydroxylgruppe an, sondern die Normalmoden der wasserstoffverbrückten syn-Polyole. Die Normalmoden setzen sich aus den Linearkombinationen der einzelnen OH-Streckschwingungen zusammen. Insofern kann von delokalisierten Hydroxylschwingungen gesprochen werden.

Für den IVR-Prozess müssen niederfrequente Gerüstschwingungen als Akzeptormoden für die ursprüngliche Anregungsenergie dienen. Diese könnten ebenfalls delokalisiert sein aufgrund der günstigen linearen Konformation der syn-Polyole. Die Zustandsdichte delokalisierter Schwingungen wächst mit der Größe des Moleküls. Somit ist die

## 4.5. Diskussion

Wahrscheinlichkeit, im syn-Hexol resonante Frequenzen für die Übertragung der OH-Schwingungsenergie auf Gerüstmoden zu finden, größer als im syn-Tetrol oder syn-Diol, so dass der IVR-Prozess in langkettigen syn-Polyolen schneller als in kurzkettigen erfolgt. Einhergehend mit der Energiedelokalisierung findet während des IVR-Prozesses eine Vergrößerung der H-Brückenabstände statt. Daher sind zu Beginn des sich anschließenden VET-Prozesses die H-Brückenabstände bereits größer als in Molekülen, die nicht mit einem IR-Laserpuls angeregt wurden. Trotzdem weist die Geschwindigkeit des Energietransfers auf das Lösungsmittel, dem sogenannten Abkühlen, eine Abhängigkeit von der ehemaligen Ausdehnung des H-Brückennetzwerks auf. Die treibende Kraft bei der Abgabe der Anregungsenergie auf das Lösungsmittel könnte das Ausbilden des ursprünglichen, stabilen H-Brückennetzwerks sein. Der Einfluss des sich stabilisierenden H-Brücknetzwerks würde mit zunehmender Anzahl von Hydroxylgruppen an Bedeutung gewinnen und könnte gleichzeitig beschleunigend auf die Zeitkonstante $k_2$ des VET-Prozesses langkettiger syn-Polyole wirken.

Die **anti-Polyole** weisen im statischen Absorptionsspektrum zwei separate Banden auf: zum einen die der schwach H-verbrückten Hydroxylgruppen und zum anderen die der freien OH-Oszillatoren (vgl. Abschnitt 4.2). Um die Dynamik in beiden Probefrequenzbereichen zu charakterisieren, werden zwei unterschiedliche Funktionen nach denselben Kriterien wie für die syn-Polyole ausgewählt. Transiente Signale, die bei Probefrequenzen im Absorptionsbereich der schwach H-verbrückten Hydroxylgruppen aufgenommen wurden, können durch eine biexponentielle Funktion

$$f_{\text{anti}}(t,\widetilde{\nu}) = A_1(\widetilde{\nu}) \cdot e^{-t \cdot k_1} + A_2(\widetilde{\nu}) \cdot e^{-t \cdot k_2} \quad (4.7)$$

beschrieben werden. Bei einer Probefrequenz $\widetilde{\nu}_{\text{frei}}$ von $3610\,\text{cm}^{-1}$ (Absorption der freien OH-Oszillatoren) reicht bereits eine monoexponentielle Funktion der Form

$$f_{\text{frei}}(t,\widetilde{\nu}_{\text{frei}}) = B(\widetilde{\nu}_{\text{frei}}) \cdot e^{-t \cdot k_{\text{frei}}} \quad (4.8)$$

## 4. Intramolekulare Wasserstoffbrückenbindungen

| Polyol | $\tau_1$/ ps | $\tau_2$/ ps | $\tau_{\text{frei}}$/ ps | $t_{\text{Max}}$/ ps | $\Delta\tilde{\nu}$/ cm$^{-1}$ | $\Delta\tilde{\nu}_{\text{frei}}$/ cm$^{-1}$ | Fitparameter |
|---|---|---|---|---|---|---|---|
| **anti-Diol** | 1.3 | 9 | - | 16 | 230 | | $A_1(\tilde{\nu}), A_2(\tilde{\nu})$ |
| **anti-Tetrol** blauer Pump | 1.3 | - | 9 | 13 | 225 | | $A_1(\tilde{\nu}), A_2(\tilde{\nu}), B(\tilde{\nu})$ |
| roter Pump | 1.3 | 9 | - | 45 | | | $A_1(\tilde{\nu}), A_2(\tilde{\nu})$ |
| **anti-Hexol** | 1.25 | 9 | 9 | 30 | 230 | 170 | $A_1(\tilde{\nu}), A_2(\tilde{\nu}), B(\tilde{\nu})$ |

Tabelle 4.4.: Zusammenfassung der Ergebnisse für die anti-Polyole: $\tau_i = 1/k_i$: Lebensdauer, $t_{\text{Max}}$: Beobachtungsdauer, $\Delta\tilde{\nu} = \tilde{\nu}_{\text{Max}}(\Delta\sigma) - \tilde{\nu}_{\text{Min}}(\Delta\sigma)$, blauer Pump: Anregung mit 3505 cm$^{-1}$, roter Pump: Anregung mit 3415 cm$^{-1}$

aus. Entsprechend den Anpassrechnungen für die syn-Polyole werden auch hier die Amplituden $A_1(\tilde{\nu})$ und $A_2(\tilde{\nu})$ für jedes transiente Signal variiert und die Zeitkonstanten $k_1$, $k_2$ und $k_{\text{frei}}$ als probenfrequenzunabhängige Parameter für jedes Molekül gewählt.

Die erhaltenen Ergebnisse für die anti-Polyole sind in Tabelle 4.4 zusammengefasst. Es ist zu erkennen, dass die Lebensdauern $\tau_1$ und $\tau_2$ für alle Moleküle im Rahmen der Messgenauigkeit übereinstimmen. Aus Pump-Probe-Messungen für anti-Hexol und anti-Tetrol mit einem gegenüber dem stationären Spektrum hochfrequent verstimmten Pumppuls erhält man nach Anpassrechnungen der monoexponentiellen Funktion aus Gleichung *4.8* an die transienten Signale bei 3610 cm$^{-1}$ zusätzlich die Lebensdauer der freien OH-Oszillatoren $\tau_{\text{frei}}$ von 9 ps. Die in dieser Arbeit bestimmte Lebensdauer der freien OH-Oszillatoren steht in guter Übereinkunft mit den Messungen von Laenen und Rauscher, die eine Lebensdauer von $8\pm1$ ps für Ethanolmonomere in CCl$_4$ erhielten.[111]

Basierend auf den Ergebnissen dieser Arbeit wird ein in Abbildung 4.31 dargestelltes Relaxationsschema für die anti-Polyole nach Anregung mit einem IR-Laserpuls angenommen. Hierbei bezeichnet $|00\rangle$ den Grundzustand der schwach H-verbrückten Hydroxylgruppen und $|0\rangle$ den der freien OH-Oszillatoren. Je nach Frequenz des Pumppulses wird eine Be-

4.5. Diskussion

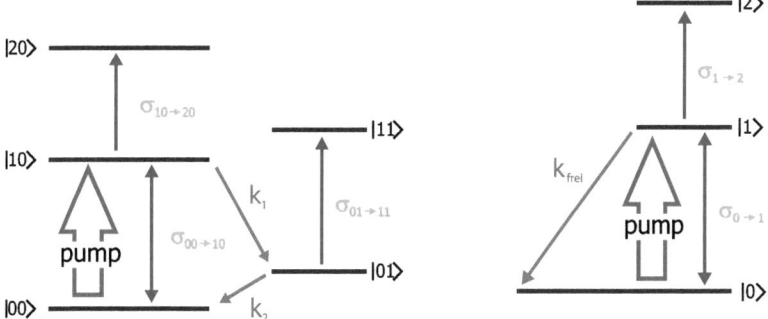

Abbildung 4.31.: Modell für die anti-Polyole mit spektroskopisch sichtbaren Übergängen; $|00\rangle$, $|10\rangle$, $|20\rangle$: Grundzustand, erster und zweiter angeregter Zustand der OH-Streckschwingung schwach H-verbrückter OH-Oszillatoren; $|01\rangle$: thermisch angeregter Zustand; $|0\rangle$, $|1\rangle$, $|2\rangle$: Grundzustand, erster und zweiter angeregter Zustand des freien OH-Oszillators

setzung nach niederfrequenter Anregung überwiegend in $|10\rangle$ und nach hochfrequenter in $|1\rangle$ erzeugt. Die anschließende Relaxation erfolgt auf unterschiedlichen Pfaden, die nachfolgend diskutiert werden.

Das Abklingen der transienten Signale bei einer Probefrequenz von $3610\,\text{cm}^{-1}$ konnte monoexponentiell nach Gleichung *4.8* beschrieben werden, so dass für die freien OH-Oszillatoren eine direkte Relaxation von $|1\rangle$ in den Grundzustand angenommen wird. Die transienten Signale nach Anregung schwach H-verbrückter Hydroxylgruppen (Nachweisfrequenzen kleiner als $3580\,\text{cm}^{-1}$) klingen biexponentiell ab, so dass ein zusätzlicher Zustand $|01\rangle$ nötig ist, um das experimentelle Ergebnis theoretisch zu beschreiben. Das heißt, nach Anregung der schwach H-verbrückten Hydroxylgruppen wird ein den syn-Polyolen entsprechendes Relaxationsschema postuliert. Es unterscheidet sich allerdings darin, dass der Zustand $|0_\infty\rangle$ bei den anti-Polyolen nicht benötigt wird, um eine befriedigende Beschreibung der Ergebnisse zu erreichen.

## 4. Intramolekulare Wasserstoffbrückenbindungen

Die Besetzungen der einzelnen Zustände in Abbildung 4.31 sind in Abhängigkeit von der Zeit $t$ nach Einstrahlen des Pumppulses:

$$\frac{d[|10\rangle]}{dt} = -k_1[|10\rangle] \qquad (4.9)$$

$$\frac{d[|01\rangle]}{dt} = k_1[|10\rangle] - k_2[|01\rangle] \qquad (4.10)$$

$$\frac{d[|1\rangle]}{dt} = -k_{\text{frei}}[|1\rangle]. \qquad (4.11)$$

Für den Fall einer vernachlässigbaren Anregung des freien OH-Oszillators vereinfacht sich das Gleichungssystem zu

$$\frac{d[|10\rangle]}{dt} = -k_1[|10\rangle] \qquad (4.12)$$

$$\frac{d[|01\rangle]}{dt} = k_1[|10\rangle] - k_2[|01\rangle]. \qquad (4.13)$$

Durch Lösen der Differentialgleichungen *4.12* und *4.13*, durchgeführt im Anhang auf Seite 151, erhält man die differentielle optische Dichte

$$\Delta OD'_{\text{anti}}(t, \tilde{\nu}) = \frac{k_1(\Delta\sigma - \Delta\sigma_{nb}) - k_2\Delta\sigma}{k_1 - k_2} \cdot \exp(-k_1 t)$$

$$+ \frac{k_1\Delta\sigma_{nb}}{k_1 - k_2} \cdot \exp(-k_2 t) \qquad (4.14)$$

zum Zeitpunkt $t$ für eine niederfrequente Anregung. Die differentiellen Absorptionskoeffizienten $\Delta\sigma(\tilde{\nu}) = \sigma_{10\to20}(\tilde{\nu}) - 2 \cdot \sigma_{00\to10}(\tilde{\nu})$ und $\Delta\sigma_{nb}(\tilde{\nu}) = \sigma_{01\to11}(\tilde{\nu}) - \sigma_{00\to10}(\tilde{\nu})$ sind für anti-Diol in Abbildung 4.32 und für anti-Tetrol in Abbildung 4.33 gegen die Probefrequenz $\tilde{\nu}$ aufgetragen. Der Frequenzunterschied $\Delta\tilde{\nu}$ zwischen Maximum und Minimum von $\Delta\sigma(\tilde{\nu})$ beträgt für beide Polyole ca. 230 cm$^{-1}$ (s. auch Tabelle 4.4).

Die Anregung im Pump-Probe-Experiment erfolgte niederfrequent für anti-Diol und anti-Tetrol, so dass die Besetzung in $|10\rangle$ gegenüber der in $|1\rangle$ überwiegt. Nach dem Modell in Abbildung 4.31 müsste die Energierelaxation dieser beiden anti-Polyole der der syn-Polyole

## 4.5. Diskussion

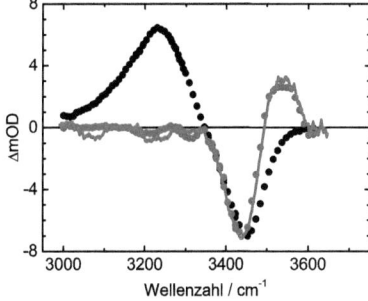

Abbildung 4.32.: Differentielle Absorptionskoeffizienten für anti-Diol: $\Delta\sigma(\tilde{\nu})$ (schwarz), $\Delta\sigma_{nb}(\tilde{\nu}) \cdot 10$ (rot), thermisches Differenzspektrum $\cdot$ 1.7 für $\Delta T = 20\,°\text{C}$ (grau)

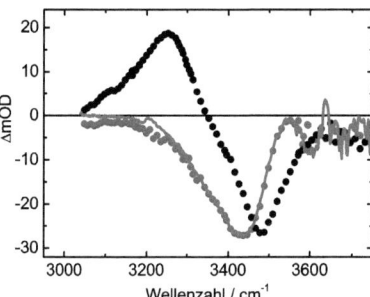

Abbildung 4.33.: Differentielle Absorptionskoeffizienten für anti-Tetrol I: Pumpfrequenz $= 3415\,\text{cm}^{-1}$, $\Delta\sigma(\tilde{\nu})$ (schwarz), $\Delta\sigma_{nb}(\tilde{\nu}) \cdot 5$ (rot), thermisches Differenzspektrum für $\Delta T = 20\,°\text{C} \cdot 0.5$ (grau)

ähneln, so dass der Zustand $|01\rangle$ ebenfalls über einen Vergleich des differentiellen Absorptionskoeffizientens $\Delta\sigma_{nb}$ mit dem thermischen Differenzspektrum charakterisiert werden soll. Hierfür ist das thermische Differenzspektrum in den Abbildung 4.32 und 4.33 eingezeichnet. Es ist eine gute Übereinstimmung von $\Delta\sigma_{nb}(\tilde{\nu})$ (rot) mit dem grau dargestellten Differenzspektrum für das anti-Diol und für das anti-Tetrol zu erkennen. Somit handelt es sich bei $|01\rangle$ um einen thermisch angeregten Zustand.

Im Gegensatz zu dem thermischen Differenzspektrum des anti-Diols besitzt das des anti-Tetrols keine positive differentielle optische Dichte. Eine Erklärung soll anhand von Langevin-Simulations-Rechnungen erfolgen, die für anti-Tetrol bereits bei Raumtemperatur ein schnell fluktuierendes Gleichgewicht zwischen frei oszillierenden und H-verbrückten Hydroxylgruppen ergaben. Das heißt, alle möglichen H-Bindungslängen bzw. -stärken tragen bereits unter Normalbedingungen gleichwertig zum Absorptionsverhalten bei. Eine Erwärmung oder eine Anregung mit einem IR-Pumppuls kann das Gleichgewicht im anti-Tetrol nicht weiter in Richtung eines gelockerten H-Brückennetzwerkes verschieben.

## 4. Intramolekulare Wasserstoffbrückenbindungen

Das anti-Diol besitzt ein kürzeres Kohlenstoffgerüst als das anti-Tetrol und das anti-Hexol, so dass die Syndiotaktizität keine so große Rolle spielt und sich stabilere H-Brücken als in den beiden anderen anti-Polyolen ausbilden. Daher können sich die Abstände der Wasserstoffbrückenbindungen im anti-Diol bei einer Temperaturerhöhung vergrößern und bewirken so eine blauverschobene Absorption im Differenzspektrum.

Nach einer hochfrequenten Anregung spielt neben der oben beschriebenen Energierelaxation der schwach H-verbrückten Hydroxylgruppen die Relaxationsdynamik des freien OH-Oszillators eine Rolle. Durch Lösen der Differentialgleichungen *4.9* bis *4.11*, durchgeführt im Anhang auf Seite 153, ergibt sich die differentielle optische Dichte

$$\Delta OD(t, \tilde{\nu}) = \left( \Delta \sigma - \frac{k_1 \Delta \sigma_{nb}}{k_1 - k_2} \right) \cdot \exp(-k_1 \, t)$$

$$+ \left( \Delta \sigma_{frei} + \frac{k_1 \Delta \sigma_{nb}}{k_1 - k_2} \right) \cdot \exp(-k_2 \, t) \quad (4.15)$$

mit den probenfrequenzabhängigen differentiellen Absorptionskoeffizienten

$$\Delta \sigma(\tilde{\nu}) = \left( \sigma_{10 \to 20}(\tilde{\nu}) - 2 \cdot \sigma_{00 \to 10}(\tilde{\nu}) \right) [|10\rangle_0]$$
$$\Delta \sigma_{nb}(\tilde{\nu}) = \left( \sigma_{01 \to 11}(\tilde{\nu}) - \sigma_{00 \to 10}(\tilde{\nu}) \right) [|10\rangle_0]$$
$$\Delta \sigma_{frei}(\tilde{\nu}) = \left( \sigma_{1 \to 2}(\tilde{\nu}) - 2 \sigma_{0 \to 1}(\tilde{\nu}) \right) [|1\rangle_0]$$

unter der Annahme, dass die Zeitkonstanten $k_2$ und $k_{\text{frei}}$ für die Entvölkerungen von $|01\rangle$ und $|1\rangle$ identisch sind (s. Tab. 4.4 und Anhang I). Die differentiellen Absorptionskoeffizienten können somit nicht separat aus den Anpassrechnungen erhalten werden. Dementsprechend sind für anti-Hexol die Summen der differentiellen Absorptionskoeffizienten $\Delta \sigma(\tilde{\nu}) + \Delta \sigma_{\text{nb}}(\tilde{\nu})$ (schwarz) und $\Delta \sigma_{\text{nb}}(\tilde{\nu}) + \Delta \sigma_{\text{frei}}(\tilde{\nu})$ (blau) in Abbildung 4.34 gezeigt.

Der Einfluss von $\Delta \sigma_{nb}(\tilde{\nu})$ kurz nach der Anregung ist vernachlässigbar, so dass

$$\Delta \sigma(\tilde{\nu}) + \Delta \sigma_{\text{nb}}(\tilde{\nu}) \approx \Delta \sigma(\tilde{\nu}) \quad (4.16)$$

4.5. Diskussion

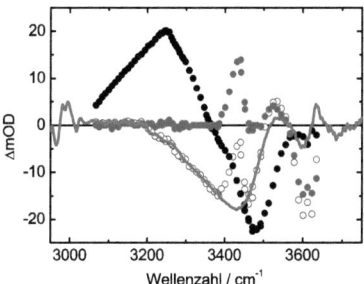

Abbildung 4.34.: Differentielle Absorptionskoeffizienten für anti-Hexol: $\Delta\sigma(\tilde{\nu}) + \Delta\sigma_{\mathrm{nb}}(\tilde{\nu})$ (schwarz), $(\Delta\sigma_{nb}(\tilde{\nu}) + \Delta\sigma_{frei}(\tilde{\nu})) \cdot 8$ (blau), $(\Delta\sigma_{nb}(\tilde{\nu}) + \Delta\sigma_{frei}(\tilde{\nu}) -$ thermisches Differenzspektrum$) \cdot 10$ (grün), thermisches Differenzspektrum für $\Delta T = 20\,°\mathrm{C}$ (grau)

ist. Erwartungsgemäß ist für $\Delta\sigma(\tilde{\nu})$ in Abbildung 4.34 ein Ausbleichen des Schwingungsgrundzustands, eine stimulierte Emission aus dem ersten angeregten Zustand und eine dazu anharmonisch verschobene transiente Absorption zuerkennen.
Für anti-Diol und anti-Tetrol wurde bereits gezeigt, dass der differentielle Absorptionskoeffizient $\Delta\sigma_{\mathrm{nb}}$ dem thermischen Differenzspektrum entspricht (Abb. 4.32 und 4.33). Daher soll für anti-Hexol der quantitative Verlauf von $\Delta\sigma_{\mathrm{frei}}(\tilde{\nu})$ durch Subtraktion nach:

$$\Delta\sigma_{\mathrm{nb}}(\tilde{\nu}) + \Delta\sigma_{\mathrm{frei}}(\tilde{\nu}) - \mathrm{therm.\ Differenzspektrum}(\tilde{\nu}) \approx \Delta\sigma_{\mathrm{frei}}(\tilde{\nu}) \qquad (4.17)$$

abgeschätzt werden. Der berechnete differentielle Absorptionskoeffizient $\Delta\sigma_{\mathrm{frei}}(\tilde{\nu})$ des freien OH-Oszillators ist in Abbildung 4.34 grün dargestellt und weist ein Ausbleichen bei $3610\,\mathrm{cm}^{-1}$ sowie zwei positive differentielle optische Dichten bei $3525\,\mathrm{cm}^{-1}$ und $3440\,\mathrm{cm}^{-1}$ auf. Die Anharmonizität des freien OH-Oszillators von Ethanol in $\mathrm{CCl}_4$ wird mit $170\,\mathrm{cm}^{-1}$ von Laenen et al. angegeben.[123] Der Frequenzunterschied $\Delta\tilde{\nu}_{\mathrm{frei}}$ zwischen dem Maximum bei $3440\,\mathrm{cm}^{-1}$ und dem Ausbleichen beträgt ebenfalls $170\,\mathrm{cm}^{-1}$, so dass die erst genannte Bande der transienten Absorption des freien Oszillators zugeordnet wird. Die Schwingungsanharmonizität des freien OH-Oszillators ist damit kleiner als die der gebundenen OH-Gruppen, die einen Wert von etwa $230\,\mathrm{cm}^{-1}$ besitzen.
Die zweite positive differentielle optische Dichte (bei $3525\,\mathrm{cm}^{-1}$) entsteht vermutlich auf-

101

## 4. Intramolekulare Wasserstoffbrückenbindungen

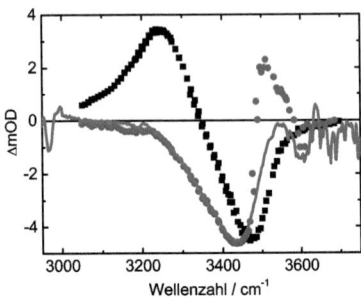

Abbildung 4.35.: Differentielle Absorptionskoeffizienten für anti-Tetrol II bei einer Pumpfrequenz von 3505 cm$^{-1}$: $\Delta\sigma(\tilde{\nu})$ (schwarz), $\Delta\sigma_{nb}(\tilde{\nu})\cdot 10$ (rot), thermisches Differenzspektrum für $\Delta T = 20\,°C$ (grau)

grund einer unzureichenden Übereinstimmung des differentiellen Absorptionskoeffizientens mit dem thermischen Differenzspektrum.

Bei den zeitaufgelösten Messungen des anti-Tetrols mit hochfrequenter Anregung ist die Beobachtungsdauer $t_{\text{Max}}$ nicht ausreichend, um $\Delta\sigma_{\text{nb}}(\tilde{\nu}) + \Delta\sigma_{\text{frei}}(\tilde{\nu})$ zu erhalten. Entsprechend zeigt Abbildung 4.35 nur den differentiellen Absorptionskoeffizienten unmittelbar nach der Anregung $\Delta\sigma(\tilde{\nu})$ (schwarz) und ein transientes Spektrum am Ende der Beobachtungsdauer (rot). Zum Vergleich ist zusätzlich das thermische Differenzspektrum grau eingezeichnet, welches an der roten Flanke dem transienten Spektrum zum Zeitpunkt $t_{\text{Max}}$ entspricht. Der Unterschied beider Spektren bei Frequenzen oberhalb von 3500 cm$^{-1}$ resultiert aus den verschiedenen Aufnahmetechniken: Bei den zeitaufgelösten Messungen führt die Anregung der freien OH-Bande mit einem IR-Laserpuls zu einer anharmonisch verschobenen Absorption, die mit einer langen Zeitkonstante von 9 ps abklingt und daher noch im transienten Spektrum zum Zeitpunkt $t_{\text{Max}}$ sichtbar ist. Diese Komponente kann nicht zum thermischen Differenzspektrum beitragen, da dieses aus statischen FTIR-Messungen erhalten wird und die OH-Streckschwingung für eine thermische Besetzung von $|1\rangle$ zu hochfrequent ist.

Zusammenfassend zeigt die Energierelaxation der anti-Polyole keine Abhängigkeit von der Kettenlänge im Unterschied zu dem Abklingprozess der syn-Polyole. Vielmehr ist die

## 4.5. Diskussion

Pumpfrequenz bei den anti-Polyolen in der Lage, H-verbrückte und freie OH-Oszillatoren zu selektieren, welche unterschiedlich schnell relaxieren.

**Vergleich mit der Literatur**
Die aus Absorptionsspektren erhaltenen Ergebnisse werden im Folgenden mit denen anderer Gruppen und zu Beginn des Kapitels beschriebenen verglichen.

Lock et al.[96] fanden bei geringen Pinakol-Konzentrationen ($c = 75\,\mathrm{mmol/L}$) im statischen Absorptionsspektrum zwei Banden der OH-Streckschwingung: eine bei $3570\,\mathrm{cm^{-1}}$ und eine andere bei $3612\,\mathrm{cm^{-1}}$. Letztere besitzt dieselbe Absorptionsfrequenz wie die schmale Bande der syn-Polyole. Sie wird, gemäß bisheriger Literatur[100,105,106] über Ethanol-Monomere und Oligomere in $CCl_4$, als eine Absorption des H-Brückenakzeptors interpretiert. Demzufolge entspricht die andere Bande bei $3450\,\mathrm{cm^{-1}}$ (syn-Diol) bzw. $3570\,\mathrm{cm^{-1}}$ (Pinakol) einer OH-Gruppe des H-Brückendonors.

Der Frequenzunterschied der Absorptionsmaxima beider zweiwertiger Alkohole wird anhand ihrer Molekülstruktur verständlich: Im Pinakol befinden sich die benachbarten Hydroxylgruppen in $\alpha$-, im syn-Diol hingegen in $\beta$-Stellung. Das heißt, dass ein kleiner Abstand zwischen zwei OH-Gruppen wie er im Pinakol vorliegt, gleichzeitig eine sterische Hinderung zwischen den Hydroxylgruppen verursacht. So können sich die Hydroxylgruppen nicht in einem für Dipol-Dipol-Wechselwirkungen günstigen Winkel zueinander anordnen. Hingegen tritt im syn-Diol eine strukturbedingte exitonische Kopplungen der OH-Übergangsdipole auf, die eine delokalisierte Anregung ermöglicht. Daraus resultiert eine blauverschobene Absorption des Pinakols gegenüber der des syn-Diols.

Absorptionsfrequenzen von Ethanololigomeren in $CCl_4$ weisen eine bessere Übereinstimmung mit denen des syn-Diols auf. Sie betragen $3620\,\mathrm{cm^{-1}}$ für den H-Brückenakzeptor ($\beta$-Oszillator) und $3500\,\mathrm{cm^{-1}}$ für den Donor ($\gamma$-Oszillator) im Oligomerstrang.[97–105] Da diese Messungen in $CCl_4$ an Stelle von $CDCl_3$ stattfanden, sind die Frequenzen nicht quantitativ miteinander vergleichbar. Abbildung 4.11 zeigte deshalb lineare Absorptionsspektren der syn-Polyole in $CCl_4$ im Vergleich zu einem Spektrum von EtOH-Oligomeren. Es ist zu erkennen, dass die OH-Streckschwingungsabsorption der EtOH-Oligomere den Absorptionsbereich aller syn-Polyole abdeckt. Die Abbildung 4.11 zeigt damit den großen Vorteil der Polyole gegenüber den Oligomeren, der darin besteht, dass die Polyole eine klar de-

## 4. Intramolekulare Wasserstoffbrückenbindungen

finierte Anzahl von Hydroxylgruppen besitzen und somit der Einfluss der Länge eines H-Brückennetzwerks auf die Dynamik der OH-Streckschwingungsrelaxation in dieser Arbeit erstmalig untersucht werden konnte.

Aus zeitaufgelösten Messungen erhielten Woutersen und Bakker[100] zwei Zeitkonstanten für in $CCl_4$ gelöste Ethanololigomere, die eine sehr gute Übereinstimmung mit denen des syn-Tetrols besitzen: eine im Bereich von $(0.25\,\text{ps})^{-1}$ bis $(0.9\,\text{ps})^{-1}$ und eine weitere von $(15\,\text{ps})^{-1}$. Die schnelle Zeitkonstante ist, im Gegensatz zu den Messungen in dieser Arbeit, pump- und probefrequenzabhängig und wird dem Brechen von H-Brückenbindungen zugeordnet. Die zweite, langsamere Zeitkonstante wird als die Dauer der Rekombination der H-Brücken interpretiert, die aufgrund des unpolaren Lösungsmittels relativ schnell abläuft.[100] Um gänzlich zu dissoziieren, müssten sich die Ethanolmoleküle durch Diffusion voneinander entfernen. Der Diffusionsprozess ist bekanntermaßen langsam, so dass eine Reassoziation der H-Brücken wahrscheinlicher ist. Diese Situation entspricht der in den syn-Polyolen, deren H-Brücken intramolekular geknüpft werden und sich somit auch nach dem Brechen in unmittelbarer Nachbarschaft befinden.

Anhand systematischer Untersuchung der Zeitkonstanten des Brechens und Rekombinierens der H-Brücken in syn-Polyolen ist nun verständlich, dass es sich bei den von Woutersen und Bakker angegebenen probefrequenzabhängigen Zeitkonstanten um Mittelwerte der Oligomere mit unterschiedlichen Längen handeln muss.

# 5. Intermolekulare Wasserstoffbrückenbindungen

Intermolekulare Wechselwirkungen zwischen Wasser und 18-Krone-6 (1,4,7,10,13,16-Hexaoxycyclooctadecan, $C_{12}H_{24}O_6$), dargestellt in Abbildung 5.1, basieren auf Wasserstoffbrückenbindungen. Hierbei wird Wasser häufig auch als Gastmolekül auf dem Wirt 18-Krone-6 bezeichnet.* Anhand von frequenz- und zeitaufgelösten Untersuchungen kann ihre Interaktion charakterisiert werden. Für die vorliegende Arbeit wurden statische und transiente Absorptions- sowie 2D-IR-Messungen durchgeführt.

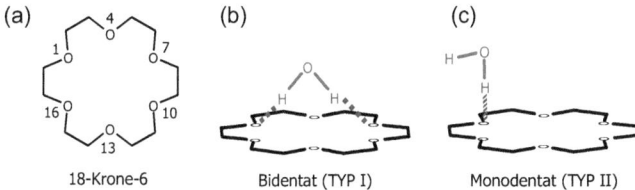

Abbildung 5.1.: 18-Krone-6 (a) und dessen Bindungsmotive mit $H_2O$: Typ I, Bidentat (b); Typ II, Monodentat (c); in violett sind H-Brücken dargestellt

Die Substanzklasse der Kronenether zeichnet sich durch ein gastselektives Bindungsverhalten aus.[125–132] Cram unterscheidet zwischen Komplementarität und Präorganisation, die zu einer Komplexierung beider Moleküle beitragen.[133,134] Hierbei beschreibt Komplementarität eine Passgenauigkeit von Gast- und Wirtmolekül durch sterische und elektrostatische

---
*Allgemein ist die Wirt-Gast-Chemie ein Teilbereich der supramolekularen Chemie und basiert per Definition auf nicht kovalenten Bindungen zwischen zwei Molekülen. Eine gute Einführung in die supramolekulare Chemie bietet beispielsweise [124].

## 5. Intermolekulare Wasserstoffbrückenbindungen

Wechselwirkungen. Präorganisation bedeutet eine strukturelle Neuordnung des Wirts in Anwesenheit des Gastes. Vor allem Kationen können aufgrund attraktiver Wechselwirkung mit den elektronegativen Sauerstoffen des Kronenethers spezifisch in dessen Zyklus eingelagert und so in unpolaren Umgebungen gelöst werden.[135–145] Letzteres ermöglicht chemische Reaktionen, die auf einen Phasen-Transfer eines Reaktanden angewiesen sind.[146–150] Wegen dieser wichtigen chemischen Eigenschaft fokussieren sich viele Untersuchungen auf Wechselwirkungen zwischen Kronenethern und Ionen.[151–154] Die Komplexierung zwischen Kation und Kronenether wird über den Hohlraumdurchmesser des Wirts und der Kationengröße determiniert. Allerdings kann der Hohlraum des Kronenethers auch andere Moleküle einlagern,[155–161] wie beispielsweise Wasser.[162–167] Hierfür ändert der Kronenether seine Konformation und gleichzeitig Größe bzw. Form des Hohlraums.[135,168] Wie dieser Prozess im Detail abläuft ist bis heute ungeklärt.[169,170]

Ähnlich wie oben beschrieben wechselwirken Enzyme mit ihren jeweiligen Substraten. Enzyme sind biologische Katalysatoren, die unverändert aus einer Reaktion hervorgehen. Sie übernehmen die Rolle des Wirts und zeichnen sich durch eine hohe Substrat- und Reaktionsspezifität aus.[7] Die selektive Einlagerung des Substrats wird durch Komplementarität zwischen Reaktionszentrum des Enzyms und dem Substrat erreicht.
Auf unterschiedliche Weise kann die Reaktionsspezifität realisiert werden. Ein Beispiel ist die geführte Annäherung zweier Reaktanden durch ein Enzym.[171] Eine weitere Möglichkeit des Enzyms besteht in der bevorzugten Stabilisierung der Struktur im Übergangszustand im Vergleich zu der Anordnung des Edukts.[172] In beiden Beispielen wird die Substratbindung zum Enzym meist über H-Brückenbindungen realisiert, da sie den Vorteil einer hohen Reversibilität besitzen.[8] Somit stellt der $H_2O/18$-Krone-6-Komplex hierfür ein gutes Modellsystem dar.

Bisherige Experimente[135,136,170,173–175] und theoretische Berechnungen[176–178] von Wasser auf 18-Krone-6 beschränken sich auf strukturelle Eigenschaften des Wirt-Gast-Komplexes. Der Kronenether liegt in der festen Phase in $C_i$-Symmetrie vor, die in Abbildung 5.2 rechts dargestellt ist.[179] In Anwesenheit von kationischen Gastmolekülen bildet der Kronenether verschiedene Konformationen aus, wie beispielsweise $D_{3d}$ bei $K^+$, $R$-$NH_3^+$, $H_3O^+$ und $NH_4^+$ sowie $C_1$ bei $Na^+$.[180–182] In der festen Phase, in der Gasphase und im Molekularstrahl liegt

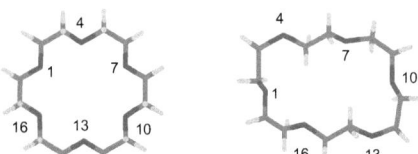

Abbildung 5.2.: Bevorzugte Konformationen des Kronenethers mit $D_{3d}$-Symmetrie (links) und $C_i$-Symmetrie (rechts)

18-Krone-6 in der Konformation mit $D_{3d}$-Symmetrie (Abb. 5.2 links) vor, wenn er mit Wasser komplexiert.[183–185] Das heißt, erst durch die Wechselwirkung mit einem Gastmolekül wird die sonst bevorzugte Anordnung ($C_i$) des Kronenethers im Festkörper aufgebrochen und andere Hohlraumformen ($D_{3d}$, $C_1$) ausgebildet.

Die Wechselwirkung zwischen Wasser und 18-Krone-6 erfolgt über Wasserstoffbrückenbindungen. Im Molekularstrahl bildet Wasser zwei H-Brücken zum Kronenether aus.[135,176] Dieses Bindungsmotiv wird als Bidentat bezeichnet und ist schematisch in Abbildung 5.1 (b) dargestellt. Bryan et al. fanden in $CCl_4$-Lösung mittels IR-Absorptionsspektroskopie auch einfach gebundene $H_2O$-Moleküle.[186] Dieses als Monodentat benannte Bindungsmotiv findet sich in Abbildung 5.1 (c).

Das lineare Absorptionsspektrum von 18-Krone-6-Monohydrat in flüssigem $CCl_4$ bei 298 K und 1 bar ist in Abbildung 5.3 dargestellt und entspricht den Messungen von Bryan et al. Es ist zu erkennen, dass im OH-Streckschwingungsbereich drei ausgeprägte Maxima und eine Schulter bei $3475\,cm^{-1}$ auftreten. Nach Bryan et al. erklären die zwei möglichen Bindungsmotive zwischen $H_2O$ und 18-Krone-6 (Abb. 5.1) das beobachtete Absorptionsverhalten. Im Bidentat (Bindungsmotiv Typ I) verbrückt ein Wassermolekül zwei Ethersauerstoffe über eine zweifache Koordination. Beide H-Brücken sind identisch und damit lokale OH-Streckschwingungen des Wassers nicht unterscheidbar. Es treten wie bei unverbrückten Wassermolekülen zwei Absorptionen auf: die einer asymmetrischen Streckschwingung bei $3600\,cm^{-1}$ und die einer symmetrischen bei $3530\,cm^{-1}$.

Im Monodentat (Bindungsmotiv Typ II) ist das Wassermolekül an einen Ethersauerstoff koordiniert. Im OH-Streckschwingungsbereich ergeben sich nach Bryan et al. zwei Absorptionsbanden: die einer freien Hydroxylgruppe bei $3685\,cm^{-1}$ und die einer gebundenen bei

## 5. Intermolekulare Wasserstoffbrückenbindungen

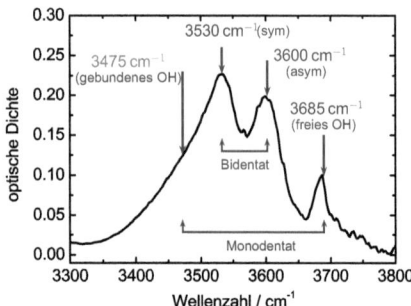

Abbildung 5.3.: Absorptionsspektrum von 8 mmol/L $H_2O$ mit einem Zusatz von 100 mmol/L 18-Krone-6 in flüssigem $CCl_4$ bei 298 K und 1 bar. Die Bezeichnung der Banden entspricht der Interpretation von Bryan et al.[186] Hierbei ist sym die symmetrische und asym die asymmetrische Streckschwingung des Wassers im Bidentats. Der gebundene und der freie OH-Oszillator treten im Monodentat auf.

3475 cm$^{-1}$. Letztere sorgt für eine asymmetrische Verbreiterung am niederfrequenten Rand der OH-Bande.[186]

Die Struktur des 18-Krone-6-Monohydrats haben Schurhammer et al. mithilfe eines DFT-Ansatzes (BLYP/6-31G*) im Vakuum energieoptimiert.[187] Sie erhielten zwei nahezu isoenergetische Konformationen des Kronenethers. Zum einen die Konformation mit $C_i$- und zum anderen die mit $D_{3d}$-Symmetrie des Kronenethers. Interessanterweise finden die Autoren unterschiedlich lange Wasserstoffbrückenbindungen in demselben Wirt-Gast-Komplex. In $D_{3d}$-Konformation beträgt der Bindungslängenunterschied 0.045 Å und in $C_i$ 0.055 Å. Das heißt, beide OH-Streckschwingung im Bidentat sind, entgegen der Interpretation von Bryan et al., unterscheidbar und können nicht als symmetrische und asymmetrische Streckschwingungen aufgefasst werden.

Schurhammer et al. haben zusätzlich molekulardynamische Car-Parinello-Simulationen des Monohydrats mit einer $D_{3d}$-Anordnung des Kronenethers durchgeführt. Als Startgeometrie nahmen Sie ein $O_1/O_7$ verbrückendes Wassermolekül an, da diese Anordnung energetisch günstiger als die einfachverbrückte Spezies oder auch als eine $O_1/O_{10}$-Verbrückung ist. Die erhaltenen Trajektorien zeigen ein ständiges Knüpfen und Brechen der H-Brücken zwischen verschiedenen Sauerstoffen des Kronenethers. Beispielsweise bleibt in den ersten 0.7 ps einer MD-Simulation das $O_1/O_7$ verbrückende Wassermolekül auf seiner Ausgangsposition im 18-Krone-6. Zwischen 2 und 3.6 ps werden die H-Brückenabstände größer und das Wassermolekül beginnt mit einem anderen Sauerstoffatom ($O_{13}$) des 18-Krone-6-Moleküls zu interagieren. Dies ist nur durch eine Abstandsvergrößerung der H-Brücke zum $O_7$ möglich, welche ab 5 ps als gebrochen bezeichnet wird.[187] Zusammenfassend zeigen die MD-Simulationen von Schurhammer et al. eine Fluktuation der H-Brücken, wobei überwiegend einer der beiden Wasserstoffe des $H_2O$ am 18-Krone-6 gebunden bleibt und der andere mit verschiedenen Sauerstoffen interagiert.

Die MD-Simulationen widersprechen ebenfalls der Interpretation von Bryan et al., die ein Bidentat mit identischen H-Brückenabständen annahmen, um die OH-Banden im Absorptionsspektrum des 18-Krone-6-Monohydrats zu interpretieren.

Die Korrektheit der Deutung von Bryan et al. oder Schurhammer et al., kann anhand der 2D-IR-Spektroskopie aufgeklärt werden. Ein solches Experiment kann Kopplungen, die nach Bryan et al. zwischen der symmetrischen und der asymmetrischen Streckschwingung des Bidentats vorliegen müßten, anhand von Nichtdiagonalbanden direkt messen.

## 5.1. 2D-IR-Spektroskopie an 18-Krone-6-Monohydrat

Die 2D-IR-Spektroskopie ermöglich den Nachweis von anharmonischer Schwingungskopplung sowie die Auflösung von chemischen Austauschprozessen. Sie wurde in dieser Arbeit durch ein Doppelresonanz-Experiment mit frequenzselektiven Anregungspulsen realisiert. Eine genaue Beschreibung des Prinzips der 2D-IR-Spektroskopie findet sich in Abschnitt 2.3.4.

In Abbildung 5.4 ist ein 2D-IR-Spektrum für Wasser auf 18-Krone-6 in $CCl_4$ bei einer Verzögerungszeit von 1 ps nach selektiver Anregung im Frequenzbereich der OH-Streckschwingung gezeigt. Zum Vergleich ist oben und rechts jeweils das statische Absorp-

## 5. Intermolekulare Wasserstoffbrückenbindungen

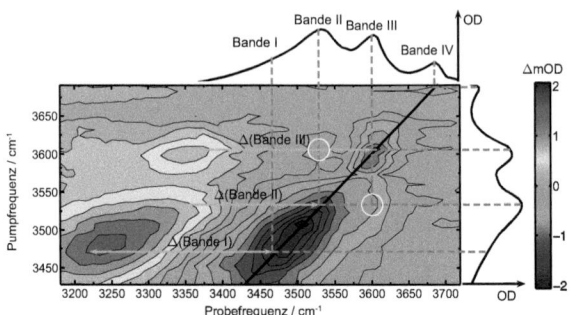

Abbildung 5.4.: 2D-IR-Spektrum von 8 mmol/L $H_2O$ in flüssigem $CCl_4$ mit einem Zusatz von 100 mmol/L 18-Krone-6, 1 ps nach der Anregung, gemessen unter Normalbedingungen (298 K und 1 bar); Anharmonizität: $\Delta$(Bande III) = $250\,\mathrm{cm}^{-1}$, $\Delta$(Bande II) = $190\,\mathrm{cm}^{-1}$, $\Delta$(Bande I) = $240\,\mathrm{cm}^{-1}$; weiße Kreise markieren Nichtdiagonalbanden.

tionsspektrum des 18-Krone-6-Monohydrats abgebildet. Im 2D-Spektrum selbst sind negative differentielle optische Dichten blau, positive rot und Werte um Null grün dargestellt. Ebenso wie in den transienten Spektren verursacht das Ausbleichen des Grundzustands sowie die stimulierte Emission aus dem ersten angeregten Schwingungszustand eine negative $\Delta OD$ und die transiente Absorption aus $|1\rangle$ eine positive. Die Farbgebung der einzelnen Höhenliniendiagramme ist für positive Werte auf das Maximum und für negative Werte auf das Minimum der differentiellen optischen Dichte normiert.

Entlang der schwarz eingezeichneten Diagonalen sind Anregungs- und Nachweisfrequenzen identisch. Erwartungsgemäß erscheint hier das Ausbleichen der Fundamentalbanden I bis IV, nachdem diese angeregt wurden. Dazu anharmonisch rotverschoben befindet sich die jeweilige transiente Absorption. Der Probefrequenzunterschied zwischen Minimum und Maximum der differentiellen optischen Dichte im Höhenliniendiagramm gibt bei gleicher Pumpfrequenz die Schwingungsanharmonizität an. Diese ist in der Legende von Abbildung 5.4 aufgeführt.

## 5.1. 2D-IR-Spektroskopie an 18-Krone-6-Monohydrat

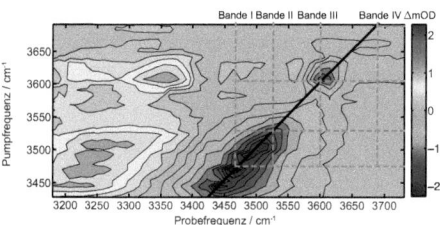

Abbildung 5.5.: 2D-Spektrum von 18-Krone-6-Monohydrat, 0.8 ps

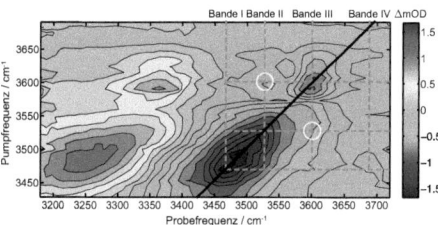

Abbildung 5.6.: 2D-Spektrum von 18-Krone-6-Monohydrat, 1.5 ps

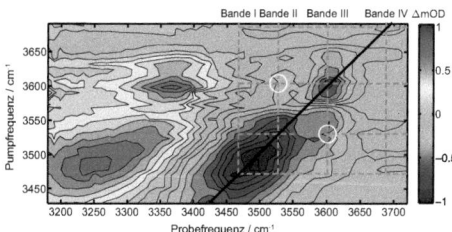

Abbildung 5.7.: 2D-Spektrum von 18-Krone-6-Monohydrat, 2.5 ps

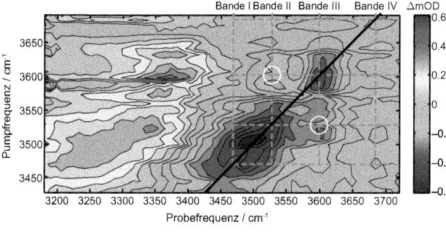

Abbildung 5.8.: 2D-Spektrum von 18-Krone-6-Monohydrat, 5 ps

## 5. Intermolekulare Wasserstoffbrückenbindungen

Neben den bereits beschriebenen Banden erscheinen zwei Nichtdiagonalbanden, die in Abbildung 5.4 mit weißen Kreisen gekennzeichnet sind (Pump: $3530\,\text{cm}^{-1}$, Probe: $3600\,\text{cm}^{-1}$ und umgekehrt). Sie deuten auf eine Wechselwirkung zwischen Bande II und III hin. Um zu entscheiden, ob die Ursache hierfür eine anharmonische Schwingungskopplung oder chemischer Austausch ist, muss die zeitliche Entwicklung der Nichtdiagonalbanden betrachtet werden.

Abbildungen 5.5 bis 5.8 zeigen 2D-IR-Spektren bei Verzögerungszeiten zwischen Anregungs- und Nachweispuls von 0.8 ps bis 5 ps. 2D-Spektren vor 0.8 ps können aufgrund der begrenzten Zeitauflösung nicht einwandfrei interpretiert werden (vgl. Seite 55). Die Nichtdiagonalbanden, die bei 1 ps zu sehen waren, sind bei 0.8 ps noch nicht vorhanden und bilden sich erst mit zunehmender Verzögerungszeit aus. Dies deutet auf chemischen Austausch zwischen Bande II und III hin. Diese Aussage steht in Widerspruch zur Interpretation von Bryan et al., die der Bande II die symmetrische und der Bande III die asymmetrische Streckschwingung des Wassers im Bidentat zuordneten. Beide Schwingungen würden demnach zu demselben Molekül gehören und müßten eine anharmonische Kopplung aufweisen,[188,189] die instantan nach der Anregung im 2D-Spektrum anhand von Nichtdiagonalbanden sichtbar wäre.

Weiterhin fällt auf, dass die Diagonalbanden zu frühen Verzögerungszeiten (0.8 ps) entlang der Diagonalen $\nu_{\text{Pump}} = \nu_{\text{Probe}}$ gestreckt sind. Mit zunehmender Verzögerungszeit ist zu erkennen, dass diese Banden vertikal entlang konstanter Probefrequenz gestreckt sind. Dies ist ein Hinweis darauf, dass spektrale Diffusion auftritt.[190–192]

## 5.2. Austausch im 18-Krone-6-Monohydrat

Die mit weißen Kreisen markierten Nichtdiagonalbanden in den 2D-Spektren 5.4 bis 5.8 entstehen durch Austausch zwischen den Banden II und III. Das bedeutet, dass die bei diesen Frequenzen absorbierenden chemischen Spezies im Gleichgewicht vorliegen:

$$\text{Bande II} \underset{k'_{\text{III/II}}}{\overset{k'_{\text{II/III}}}{\rightleftarrows}} \text{Bande III}. \qquad (5.1)$$

## 5.2. Austausch im 18-Krone-6-Monohydrat

Im Folgenden bezieht sich die Bezeichnung Bande II bzw. Bande III auf die chemische Spezies, die bei $3540\,\mathrm{cm}^{-1}$ bzw. $3605\,\mathrm{cm}^{-1}$ absorbiert.
Für die Aufnahme der 2D-Spektren wird das Gleichgewicht durch den Pumppuls gestört und das System relaxiert anschließend nach:

$$\xleftarrow{k_1} \text{Bande II} \underset{k_{\mathrm{III/II}}}{\overset{k_{\mathrm{II/III}}}{\rightleftharpoons}} \text{Bande III} \xrightarrow{k_2}. \tag{5.2}$$

Kim et al.[193] zeigten, dass durch Normierung der differentiellen optischen Dichte der Nichtdiagonalbande auf die der Diagonalbande bei derselben Pumpfrequenz ein von den Zeitkonstanten $k_1$ und $k_2$ unabhängiger Zusammenhang nach

$$\frac{S_{\mathrm{II/III}}(t)}{S_{\mathrm{II/II}}(t)} = \frac{\mu_{\mathrm{III}}^2 \left(1 - e^{-2\bar{k}T}\right)}{\mu_{\mathrm{II}}^2 \left(\frac{1}{K_{\mathrm{eq}}} + e^{-2\bar{k}T}\right)} \tag{5.3}$$

mit

$$\bar{k} = \frac{k_{\mathrm{II/III}} + k_{\mathrm{III/II}}}{2} \tag{5.4}$$

besteht.* Hierbei bezeichnet $S_{\mathrm{II/III}}(t)$ das zeitabhängige Signal nach Anregung der Bande II bei der Probefrequenz, die der Absorption von Bande III entspricht. Analog ist $S_{\mathrm{II/II}}(t)$ die zeitabhängige Entwicklung der Diagonalbande bei Anregung und Abfrage der Bande II. Die Gleichgewichtskonstante ist $K_{\mathrm{eq}}$ und die Übergangsdipolmomente der Spezies Bande II bzw. Bande III $\mu_{\mathrm{II}}$ und $\mu_{\mathrm{III}}$. Analog gilt für die andere Nichtdiagonalbande folgender Zusammenhang:

$$\frac{S_{\mathrm{III/II}}(t)}{S_{\mathrm{III/III}}(t)} = \frac{\mu_{\mathrm{II}}^2 \left(1 - e^{-2\bar{k}T}\right)}{\mu_{\mathrm{III}}^2 \left(K_{\mathrm{eq}} + e^{-2\bar{k}T}\right)}. \tag{5.5}$$

In Abbildung 5.9 sind die nach Gleichung 5.3 normierten Signale für eine Pumpfrequenz von $3540\,\mathrm{cm}^{-1}$ schwarz (Bande II) und für $3605\,\mathrm{cm}^{-1}$ rot (Bande III) dargestellt. Eine Anpassung der Funktion aus Gleichung 5.3 bzw. 5.5 an die transienten Signale in Abbildung 5.9 ergibt für eine aus temperaturabhängigen Absorptionsspektren erhaltene Gleichgewichts-

---
*Eine theoretische Beschreibung der Signale in 2D-IR-Messungen ist im Anhang M gegeben.

## 5. Intermolekulare Wasserstoffbrückenbindungen

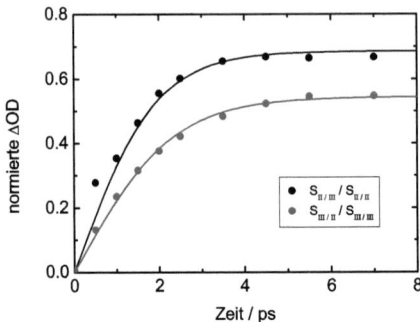

Abbildung 5.9.: Chemischer Austausch im 18-Krone-6-Monohydrat I in CCl$_4$ bei 298 K und 1 bar; die zeitabhängige differentielle optische Dichte der Nichtdiagonalbanden wurde auf die $\Delta OD$ der Digonalbande normiert (Punkte) und eine Funktion entsprechend Gleichung *5.3* bzw. *5.5* angepasst (Linien).

konstante von 1.2 (s. Abschnitt 5.3) die Zeitkonstante $\overline{k}$ mit etwa 0.5 ps$^{-1}$. Das Verhältnis der Übergangsdipolmomente $\mu_{II}/\mu_{III}$ wurde mit 0.8 aus der Anpassung an die normierte zeitliche Entwicklung der Nichtdiagonalbande $S_{II/III}/S_{II/I}$ bestimmt. Die differentielle optische Dichte der normierten Nichtdiagonalbande $S_{III/II}/S_{III/III}$ wird vermutlich von der transienten Absorption der Spezies III überlagert (vgl. z.B. Abb. 5.7), so dass aus der entsprechenden Anpassung kein Ergebnis für $\mu_{III}/\mu_{II}$ erhältlich ist.

## 5.3. Temperaturabhängige FTIR-Spektren von 18-Krone-6-Monohydrat

Die Konstante $K_{eq}$ für das Gleichgewicht zwischen Bande II und III wurde anhand temperaturabhängiger Absorptionsspektren (FTIR-Spektren) bestimmt, die in Abbildung 5.10 gezeigt sind. Es ist deutlich ein unterschiedliches Verhalten der Bande II und III bezüglich Bande IV zu erkennen. Die optische Dichte der Bande IV nimmt mit steigender Temperatur

## 5.3. Temperaturabhängige FTIR-Spektren von 18-Krone-6-Monohydrat

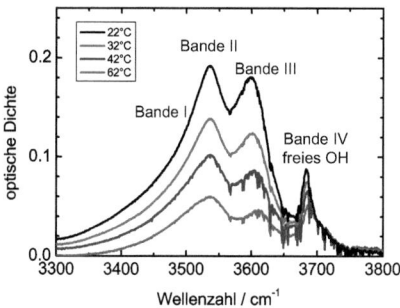

Abbildung 5.10.: Absorptionsspektren der OH-Streckschwingungsbande von Wasser auf 18-Krone-6 bei angegebenen Temperaturen in flüssigem $CCl_4$ bei 1 bar.

nicht so stark ab wie die der Bande II und III. Um diese qualitative Aussage zu quantifizieren, ist in Abbildung 5.11 eine van't Hoff'sche-Auftragung entsprechend

$$\ln K_{eq}(T) = -\frac{\Delta H}{RT} + \frac{\Delta S}{R} \tag{5.6}$$

gezeigt. Hierbei ist $\Delta H$ die Differenz der Enthalpie und $\Delta S$ die Differenz der Entropie. Die Größe $K_{eq}$ wurde für das Gleichgewicht zwischen zwei Banden mit

$$\frac{OD(\text{Bande X})}{OD(\text{Bande Y})} \propto \frac{c(\text{Bande X})}{c(\text{Bande Y})} = K'_{eq} \tag{5.7}$$

für jede Temperatur berechnet, da nach Lambert-Beer

$$OD = c \cdot d \cdot \varepsilon \tag{5.8}$$

gilt. Hierbei bezeichnet $c$ die Konzentration der absorbierenden Spezies, $d$ die Schichtdicke der verwendeten Küvette und $\varepsilon$ den Absorptionskoeffizienten. Die temperaturabhängigen Messungen wurden in derselben Küvette durchgeführt, so dass $d$ immer identisch ist. Außerdem wird angenommen, dass $\varepsilon$ für alle OH-Streckschwingungsbanden gleich mit der Temperatur skaliert.

## 5. Intermolekulare Wasserstoffbrückenbindungen

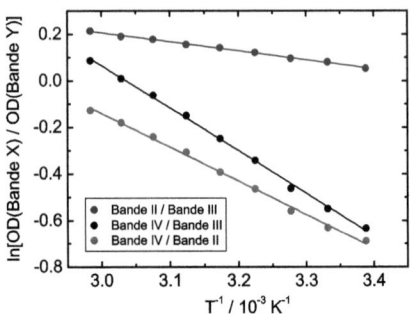

Abbildung 5.11.: Auftragung nach van't Hoff: Temperaturabhängigkeit der Gleichgewichtskonstante $K'_{eq}$ für den chemischen Austausch der OH-Streckschwingungsbanden des 18-Krone-6-Monohydrats (Punkte), Anpassung entsprechend Gleichung *5.6* und *5.7* (Linien).

Anhand Abbildung 5.11 ist ein Gleichgewicht zwischen allen gezeigten Banden zu erkennen, da die van't Hoff Auftragung eine Gerade ergibt. Zusätzlich können Gibb's Energien $\Delta G$ nach

$$\Delta G(T) = -RT \ln K_{eq}(T) \tag{5.9}$$

aus den temperaturabhängigen Absorptionsspektren berechnet werden.[194] Die Ergebnisse werden in Tabelle 5.1 zusammengefaßt.

Für die Berechnung der Gleichgewichtskonstante $K_{eq}$ aus $K'_{eq}$ (vgl. Gleichung *5.7*) müssen die unterschiedlichen Absorptionskoeffizienten $\varepsilon$ jeder Spezies berücksichtig werden. In einem linearen FTIR-Spektrum ist die Absorption proportional zu $\mu_x^2 c_x$ und für ein 2D-IR-Spektrum zu $\mu_x^4 c_x$.[195] Hierbei ist $c_x$ die Konzentration der Spezies im Zustand $x$ und $\mu_x$ das entsprechende Dipolmoment. Das Verhältnis der Dipolmomente $\mu_{II}/\mu_{III}$ ergibt sich aus statischen und transienten Messungen bei 10 ps für Bande II/III zu 0.86, unter der Annahme, dass sich das Gleichgewicht zu diesem Zeitpunkt wieder eingestellt hat. Das Gleichgewicht zwischen Spezies II und III besitzt einen Wert von 1.2 für $K_{eq}(298\,\text{K})$. Das bedeutet, bei Raumtemperatur ist mehr Spezies II als III vorhanden. Analog liegt Spezies III bei Raumtemperatur mit einer höheren Konzentration als Spezies IV vor.

Das Verhältnis der Dipolmomente $\mu_{IV}/\mu_{II}$ kann aufgrund einer Überlagerung des entspre-

| Banden | $\mu/\mu$ | $K_{eq}(298\,K)$ | $\Delta H'/$ kJ/mol | $\Delta S'/$ J/mol·K | $\Delta G(298\,K)/$ kJ/mol | $\overline{k}/$ ps$^{-1}$ |
|---|---|---|---|---|---|---|
| Bande II/III | 0.86 | 1.2 | 3.2 | 11.3 | -0.45 | 0.5 |
| Bande IV/III | 0.6 | 0.9 | 15.2 | 46.2 | 0.26 | 0.2 |
| Bande IV/II | | | 12.0 | 34.9 | | |

Tabelle 5.1.: Ergebnisse für das Gleichgewicht zwischen verschiedenen 18-Krone-6-Monohydrat Spezies; $\overline{k}$ wurde aus 2D-Experimenten erhalten und wird für das Gleichgewicht Bande IV/III im Abschnitt 5.4 erläutert. Bei $\Delta H'$ und $\Delta S'$ ist das Verhältnis der Dipolmomente $\mu/\mu$ nicht berücksichtigt.

chenden Nichtdiagonalsignals im 2D-IR-Spektrum mit einer transienten Absorption nicht bestimmt werden.* Der Wert für $\Delta G$ lässt sich daher nicht berechnen.

## 5.4. Frequenzselektive Anregung von 18-Krone-6-Monohydrat

Anhand der oben diskutierten Ergebnisse temperaturabhängiger statischer Absorptionsmessungen sollte ein Gleichgewicht zwischen Bande IV und Bande II sowie III vorliegen. Darauf weisen ebenfalls die in Abschnitt 5.1 gezeigten 2D-Spektren (Abb. 5.4 bis 5.8) hin, in denen Nichtdiagonalbanden ab 2.5 ps bei einer Anregung der Bande IV (Anregung: 3685 cm$^{-1}$, Probefrequenz 3450 bis 3670 cm$^{-1}$) zuerkennen sind. Aufgrund der geringen differentiellen optischen Dichte dieser Nichtdiagonalbanden gegenüber anderen Banden sind sie nicht einwandfrei zu identifizieren. Daher zeigt Abbildung 5.12 Schnitte bei einer Pumpfrequenz von 3685 cm$^{-1}$ durch die 2D-IR-Spektren bei unterschiedlichen Verzögerungszeiten. Im Frequenzbereich der Bande IV ist ab 1 ps ein schmales Ausbleichen des Grundzustands (5) in Abbildung 5.12 zu erkennen. Dazu rotverschoben befindet sich ein Ausbleichen (4) der Bande III. Zu diesem Ausbleichen existiert, ebenfalls rotverschoben,

---
*Die Überlagerung zweier Beiträge im 2D-IR-Spektrum bei einer Probefrequenz von 3540 cm$^{-1}$ wird im Abschnitt 5.4 ausführlich behandelt.

## 5. Intermolekulare Wasserstoffbrückenbindungen

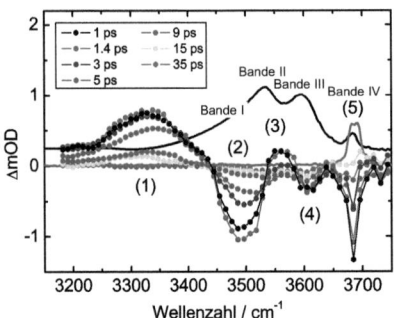

Abbildung 5.12.: Transiente Spektren von 8 mmol/L $H_2O$ und 100 mmol/L 18-Krone-6 in $CCl_4$ für angegebene Zeiten nach selektiver Anregung der Bande IV (3685 cm$^{-1}$), statisches Absorptionsspektrum (schwarz) bei 298 K und 1 bar, Spektrum des Pumppulses (rot)

eine transiente Absorption (3). Gleichzeitig ist im Frequenzbereich der Bande I und II ein Ausbleichen (2) und eine hierzu rotverschobene transiente Absorption vorhanden (1). Letztere ist langlebig und weist bei 15 ps noch einen Signalbeitrag auf.*

Die Bande IV kann aufgrund ihrer Absorptionsfrequenz einem nicht wasserstoffverbrückten OH-Oszillator zugeordnet werden.[196] Die Anharmonizität eines freien OH-Oszillators in Polyolen und in Ethanol beträgt 170 cm$^{-1}$ (s. Seite 96 und [123]). Der Frequenzunterschied zwischen (5) und (3) ist etwa 150 cm$^{-1}$. Somit ist anzunehmen, dass die positive differentielle optische Dichte (3) durch die transiente Absorption des freien OH-Oszillators hervorgerufen wird.

Die Existenz einer freien OH-Oszillation bedeutet gleichzeitig, dass der 18-Krone-6/$H_2O$-Komplex unter anderem auch als Monodentat vorliegen muss. Gleichzeitig sollte die Schwingung des gebundenen OH-Oszillators entsprechend der Interpretation von Bryan et al. bei etwa 3475 cm$^{-1}$ auftreten.[186] Die Schwingung des freien und des gebundenen OH-Oszillators gehören zu demselben Molekül, so dass eine anharmonische Kopplung zwischen beiden Banden zu erwarten ist. Dieses instantane Signal addiert sich wahrscheinlich zum hereinwachsenden Ausbleichen (2), welches durch den chemischen Austausch zwischen

---
*Die entsprechenden transienten Signale sind in Anhang L gezeigt.

Bande IV (freier OH-Oszillator) und Bande II hervorgerufen wird. Die entsprechenden transienten Signale finden sich im Anhang L auf Seite 163. Ihre Analyse nach Gleichung 5.3 ergibt mittlere Geschwindigkeitskonstanten $\bar{k}$ von $0.2\,\mathrm{ps}^{-1}$ für das Gleichgewicht zwischen Spezies IV/III und $0.3\,\mathrm{ps}^{-1}$ für IV/I (vgl. Tabelle 5.1).

Die Ergebnisse aus temperaturabhängigen FTIR- und 2D-IR-Messungen lassen eine weitere Interpretationsmöglichkeit bezüglich der Schwingungsrelaxation des freien OH-Oszillators zu. Es besteht nach den temperaturabhängigen FTIR-Messungen ein Gleichgewicht zwischen Bande IV und II, sowie zwischen Bande IV und III, allerdings kann diese statische Spektroskopie keine Aussagen über die Dynamik des Gleichgewichts machen. Beide Gleichgewichte könnten sich nach Anregung der Bande IV im Vergleich zur Schwingungsrelaxation des freien OH-Oszillators langsam einstellen. Infolgedessen wären keine Nichtdiagonalbanden, deren Betrag der differentiellen optischen Dichte mit der Verzögerungszeit zunimmt, im 2D-IR-Spektrum zu sehen. In Abbildung 5.12 ist eine Zunahme des Ausbleichens (2) nur anhand des transienten Spektrums bei $1.4\,\mathrm{ps}$ zu erkennen. Unter der Annahme, dass die differentielle optische Dichte dieses Spektrums eine Ungenauigkeit von $0.4\,\Delta\mathrm{mOD}$ besitzt, könnte es sich bei (2) und (4) um dasselbe instantane Ausbleichen der Bande des gebundenen OH-Oszillators handeln. Hierfür müsste die Bande des gebundenen OH-Oszillators eine Breite von $3450\,\mathrm{cm}^{-1}$ bis $3650\,\mathrm{cm}^{-1}$ aufweisen. Ein solch großer Absorptionsbereich der OH-Streckschwingung wird durch die vielen möglichen Anordnungen der H-Brücke im Monodentat hervorgerufen. Im Monodentat gibt keine zweite H-Brücke wie im Bidentat eine bevorzugte Anordnung vor. Das Ausbleichen der Bande des gebunden OH-Oszillators wird bei etwa $3540\,\mathrm{cm}^{-1}$ von der transienten Absorption des freien OH-Oszillators überlagert, so dass sich die in Abbildung 5.12 zu erkennende charakteristische Form der transienten Spektren ergibt. Das Gleichgewicht zwischen Bande IV und II sowie III würde in diesem Fall nicht zu den transienten Spektren beitragen.

## 5.5. Diskussion

Die für diese Arbeit durchgeführten statischen Absorptionsmessungen zeigen mindestens drei unterschiedliche OH-Oszillatoren für den Wirt-Gast-Komplex 18-Krone-6-

## 5. Intermolekulare Wasserstoffbrückenbindungen

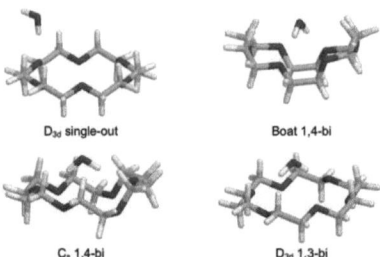

Abbildung 5.13.: Energetisch günstige Konformationen des 18-Krone-6 in Anwesenheit von Wasser aus [197]

Monohydrat. Aufgrund der Absorptionsfrequenz kann die Bande IV einem freien OH-Oszillator und die Bande I einem gebundenem OH-Oszillator des Monodentats zugeordnet werden.
Die Auswertung der zeitaufgelösten 2D-Spektren ergibt ein Gleichgewicht zwischen den Spezies, die eine mit Bande II und III bezeichnete Absorption aufweisen. In diesem Fall kann die Interpretation von Bryan et al.[186] nicht verwendet werden, da sie diese Banden demselben Bindungsmotiv zuordnen.

Zum Verständnis der experimentellen Daten können dichtefunktionaltheoretische Rechnungen von Vöhringer[197] als Unterstützung herangezogen werden. Diese DFT-Rechnungen ergeben vier energetisch relevante Konformere des 18-Krone-6 in Anwesenheit von Wasser, die in Abbildung 5.13 gezeigt sind. Es wurde ein Monodentat mit der $D_{3d}$-Anordnung des Kronenethers gefunden. Hierbei zeigt der ungebundene Wasserstoff nicht in Richtung des 18-Krone-6 und die Anordnung wird entsprechend als 'single-out' bezeichnet. Die anderen drei relevanten Anordnungen 'Boat 1,4-bi', '$C_s$ 1,4-bi' und '$D_{3d}$ 1,3-bi' sind Bidentate mit unterschiedlichen 18-Krone-6 Konformationen. Die Nummern bezeichnen die Sauerstoffe, mit denen das Wasser H-Brücken bildet. Die Bidentate besitzen jeweils zwei OH-Schwingungen $\tilde{\nu}_1$ und $\tilde{\nu}_2$, die einer symmetrischen und asymmetrischen Streckschwingung des Wassermoleküls ähneln.

Die berechneten fundamentalen Schwingungsenergien sind in Abbildung 5.14 entsprechend ihrer Intensität als Histogramm eingezeichnet. Hierbei sind Schwingungsfrequen-

## 5.5. Diskussion

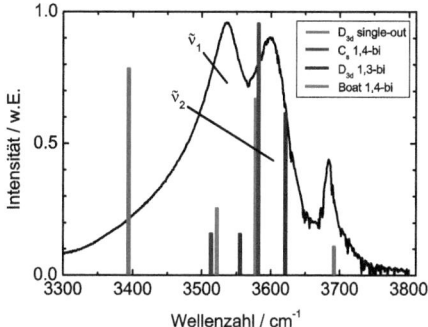

Abbildung 5.14.: Vergleich der Schwingungsfrequenzen aus DFT-Rechnungen[197] (Histogramm) mit dem statischen Absorptionsspektrum des 18-Krone-6-Monohydrat in $CCl_4$ (schwarze Linie) welches unter Normalbedingungen gemessen wurde. Die berechneten Absorptionsfrequenzen der Schwingungen wurden um -50 cm$^{-1}$ verschoben.

zen einer Anordnung mit derselben Farbe dargestellt. Als Vergleich ist zusätzlich das statische Absorptionsspektrum des 18-Krone-6-Monohydrats mit einer schwarzen Linie dargestellt. Abbildung 5.14 zeigt, dass die Absorptionsbanden von verschiedenen Kronenether-Anordnungen hervorgerufen werden. Anhand dessen ist verständlich, weshalb ein Austausch zwischen allen Banden stattfinden kann. Gleichzeitig existieren anharmonische Kopplungen zwischen den Moden $\tilde{\nu}_1$ und $\tilde{\nu}_2$ der selben Spezies.

Die berechneten Schwingungsfrequenzen lassen keine Aussage über ihre jeweilige Bandbreite zu. Es besteht die Möglichkeit, dass die transienten Spektren in Abbildung 5.12 allein durch die anharmonische Kopplung zwischen freiem und gebundenem OH-Oszillator entstanden.

Zusammenfassend bestätigt diese Arbeit die Interpretation von Bryan et al. bezüglich des $D_{3d}$-Monodentats.* Sie widerlegt jedoch die Annahme einer einzigen Bidentatkonformation und zeigt, dass unterschiedliche Bidentatanordnungen des Kronenethers bei Raumtemperatur in der flüssigen Phase im Gleichgewicht vorliegen.

---

*Es existiert ein 18-Krone-6/$H_2O$-Monodentat in $D_{3d}$-Konformation des Kronenethers, dessen freier OH-Oszillator bei 3685 cm$^{-1}$ und dessen H-verbrückter OH-Oszillator bei etwa 3475 cm$^{-1}$ absorbiert.

# A. Prinzip quantenmechanischer Rechnungen

Eine ausführliche Abhandlung über das Prinzip quantenmechanischer Rechnungen findet sich unter anderem in [53].
Für die Berechnung eines quantenmechanischen Ansatzes, muss die zeitunabhängige Schrödingergleichung

$$\hat{H}\Psi = E\Psi \quad (1.1)$$

mit der Wellenfunktion $\Psi$ und dem Energieeigenwert $E$ gelöst werden. Der Hamiltonoperator $\hat{H}$ besteht aus einem Anteil, der die kinetische Energie $\hat{T}$ beschreibt und einem potentiellen Energieanteil $\hat{V}$ ($\hat{H} = \hat{V} + \hat{T}$).
In der Born-Oppenheimer-Näherung[198] ruhen die $N$ Kerne im Vergleich zu den $n$ Elektronen, so dass $\hat{T}_N$ im elektronischen Hamiltonoperator

$$\hat{H}_{\text{el}} = -\frac{\hbar^2}{2m_e}\sum_i^n \Delta_i - \sum_{i=1}^n \sum_I^N \frac{Z_I e^2}{4\pi\varepsilon_0 r_{Ii}} + \frac{1}{2}\sum_{ij}^n \frac{e^2}{4\pi\varepsilon_0 r_{ij}} + \frac{1}{2}\sum_{IJ}^N \frac{Z_{IJ} e^2}{4\pi\varepsilon_0 r_{IJ}} \quad (1.2)$$

nicht berücksichtigt wird. Hierbei ist $\Delta$ der Laplace Operator, $m_e$ die Masse des Elektrons, $Z$ die Kernladungszahl, $e$ die Elementarladung, $\varepsilon_0$ die Dielektrizitätskonstante des Vakuums, $r_{Ii}$ der Abstand zwischen Kern $I$ und Elektron $i$, $r_{ij}$ der Abstand zwischen den Elektronen $i$ und $j$ und $r_{IJ}$ der Abstand zwischen den Kernen $I$ und $J$. Die erste Summe berücksichtigt die kinetische Energie jedes Elektrons und wird als Einteilchen-Operator bezeichnet. Die Coulomb-Anziehung ist für jedes Elektron-Kern-Paar in der zweiten Summe enthalten. Hierbei handelt sich ebenfalls um einen Einteilchen-Operator, der bei festen Kernpositionen berechnet wird. Die dritte Summe beinhaltet die Coulomb-Abstoßung jedes Elektronenpaa-

## A. Prinzip quantenmechanischer Rechnungen

res und ist somit ein Zweiteilchen-Operator. Die Abstoßung zwischen zwei Kernen ist bei gegebenem Abstand eine Konstante und wird durch die letzte Summe berücksichtigt.

Der Hamiltonoperator $\hat{H}$ kann in massengewichteten Koordinaten der Kerne $Q$ und der Elektronen $q$ angeben werden. Bei festen Kernpositionen ($Q$ = konstant) wird die elektronische Schwingungsenergie $E_{el}(Q)$ aus der stationären Schrödingergleichung

$$\hat{H}_{el}\psi(Q,q) = E_{el}(Q)\,\psi(Q,q) \qquad (1.3)$$

erhalten. Die Größe $E_{el}(Q)$ bildet eine Potenzialhyperfläche für $N > 2$, die abhängig von der Kernposition ist. Diese Hyperfläche besteht wiederum aus Potentialen, in denen sich die $N$ Kerne bewegen. Aufgrund der Kopplung der Elektronenkoordinaten im Zweiteilchen-Operator ist dieser Ansatz für mehratomige Moleküle analytisch nicht zu lösen und es muss sich approximativer Methoden bedient werden.

Die Wellenfunktion $\psi(1,2,...,n)$ eines Moleküls mit $n$ Elektronen wird durch orthonormale Spinorbitale $\phi_i = \chi_i \cdot \alpha$ oder $\chi_i \cdot \beta$ beschrieben. Hierbei ist $\chi_i$ das Raumorbital und $\alpha$ bzw. $\beta$ die Spinfunktion. Nach dem Pauli-Prinzip muss die Wellenfunktion ihr Vorzeichen bei einer Vertauschung der Elektronen ändern. Die Determinante, die das Antisymmetrie-Prinzip erfüllt, wird Slaterdeterminante genannt:

$$\psi = \frac{1}{\sqrt{n!}} \sum_{i=1}^{n} (-1)^i \hat{P}_n \big(\phi_1(1)\,\phi_2(2)\,...\,\phi_n(n)\big)$$

$$= \frac{1}{\sqrt{n!}} \begin{vmatrix} \phi_1(1) & \phi_1(2) & \cdots & \phi_1(n) \\ \vdots & \vdots & \ddots & \vdots \\ \phi_n(1) & \phi_n(2) & \cdots & \phi_n(n) \end{vmatrix} \qquad (1.4)$$

Hierbei ist $\hat{P}_n$ der Permutationsoperator.

Der Energieerwartungswert in atomaren Einheiten wird ohne Elektronenkorrelation* folgendermaßen genähert:

$$E = \left\langle \psi \middle| \hat{H} \middle| \psi \right\rangle = \sum_{i=1}^{n} \left\langle \phi_i \middle| -\frac{1}{2}\Delta - \sum_{I}^{N} \frac{Z_I}{r_{Ii}} \middle| \phi_i \right\rangle + \frac{1}{2} \sum_{i,j}^{n} \left\langle \phi_i(1)\phi_j(2) \middle| \frac{1}{r_{12}} \middle| \phi_i(1)\phi_j(2) \right\rangle$$

$$- \frac{1}{2} \sum_{i,j}^{n} \left\langle \phi_i(1)\phi_j(2) \middle| \frac{1}{r_{12}} \middle| \phi_j(1)\phi_i(2) \right\rangle. \quad (1.5)$$

Gleichung *1.5* enthält die Wechselwirkungen eines Elektrons $i$ mit sämtlichen Kernen $N$ und die gemittelte Wechselwirkung mit allen restlichen Elektronen $j \neq i$. Mit dem Einelektronenintegral $h_i$, dem Coulombintegral $J_{ij}$ und dem Austauschintegral $K_{ij}$ wird Gleichung *1.5* geschrieben als

$$E = \left\langle \psi \middle| \hat{H} \middle| \psi \right\rangle = \sum_{i=1}^{n} h_i + \frac{1}{2} \sum_{i,j}^{n} (J_{ij} - K_{ij}). \quad (1.6)$$

Effektiv wird eine Ein-Elektronen-Schrödingergleichung für jedes Orbital erhalten. Damit ist das $n$-Teilchen Problem auf $n$ Einteilchen Probleme reduziert.

Gleichung *1.5* enthält Wellenfunktionen, die erst durch Lösen der Gleichung bestimmt werden können. Diese gegenseitige Abhängigkeit erfordert eine iterative Berechnung unter Anwendung des Rayleigh-Ritz-Prinzips (Variationsprinzip). Der Energieerwartungswert ist demnach für eine beliebige Wellenfunktion $\psi$ stets größer oder gleich der Grundzustandsenergie des Systems

$$\frac{\left\langle \psi \middle| \hat{H} \middle| \psi \right\rangle}{\left\langle \psi \middle| \psi \right\rangle} \geq E_0. \quad (1.7)$$

Es werden Startorbitale $\varphi_0$ gewählt, aus denen der Hamiltonoperator $\hat{H}_1$ erhalten wird. Dessen Eigenfunktionen $\varphi_1$ ergeben wiederum einen neuen verbesserten $\hat{H}_2$. Sind die Orbitale selbstkonsistent ergeben sie eine gute Näherung für die exakte Wellenfunktion.

---

*nach Hatree-Fock

# B. Zeitauflösung des Pump-Probe-Experiments

**Faltung einer Gauß- mit einer Stufenfunktion** für die Abschätzung der Zeitauflösung des Absorptionsexperiments

Gauß-Funktion:
$$f_1(t) = \frac{1}{\sqrt{2\pi}\sigma} e^{-\frac{(t-t_0)^2}{2\sigma^2}} \qquad (2.1)$$

mit $\sigma$ = Standardabweichung und $t_0$ = Erwartungswert.

Stufenfunktion:
$$f_2(t) = \begin{cases} 1 & \text{für } t > 0 \\ 0 & \text{für } t \leq 0 \end{cases} \qquad (2.2)$$

Faltungsvorschrift:
$$f_1(t) * f_2(t) = \int_{-\infty}^{+\infty} f_1(\tau) \cdot f_2(t-\tau) \, d\tau \qquad (2.3)$$

mit $b = \frac{1}{\sqrt{2}\sigma}$ folgt:
$$f_1(t) * f_2(t) = \frac{1}{\sqrt{2\pi}\sigma} \int_{-\infty}^{+\infty} e^{-\left(b\cdot(\tau-t_0)\right)^2} \cdot f_2(t-\tau) \, d\tau \qquad (2.4)$$

Substituieren:
$$u = b \cdot (\tau - t_0) <=> \frac{u}{b} + t_0 = \tau \qquad (2.5)$$

=>
$$\frac{du}{d\tau} = b <=> \frac{du}{b} = d\tau \qquad (2.6)$$

B. Zeitauflösung des Pump-Probe-Experiments

$(2.5)$ & $(2.6)$ in $(2.4)$:  $\quad f_1(t) * f_2(t) = \dfrac{1}{\sqrt{\pi}} \displaystyle\int\limits_{-\infty}^{+\infty} e^{-u^2} \cdot f_2\left(t - \dfrac{u}{b} - t_0\right) \mathrm{d}u \quad (2.7)$

$$f_2\left(t - \frac{u}{b} - t_0\right) \neq 0 \text{ für } \left(t - \frac{u}{b} - t_0\right) > 0$$

$\Longleftrightarrow \quad b \cdot (t - t_0) > u \quad (2.8)$

$\Rightarrow \quad f_1(t) * f_2(t) = \dfrac{1}{\sqrt{\pi}} \displaystyle\int\limits_{-\infty}^{b \cdot (t - t_0)} e^{-u^2} \mathrm{d}u \quad (2.9)$

$\quad = \dfrac{1}{\sqrt{\pi}} \displaystyle\int\limits_{-b \cdot (t - t_0)}^{+\infty} e^{-(-u)^2} \mathrm{d}u \quad (2.10)$

es ist:  $\quad \dfrac{2}{\sqrt{\pi}} \displaystyle\int\limits_{z}^{\infty} e^{-u^2} \mathrm{d}u = \mathrm{erfc}(z) \quad (2.11)$

$\Rightarrow \quad f_1(t) * f_2(t) = \dfrac{\sqrt{\pi}}{2} \dfrac{1}{\sqrt{\pi}} \mathrm{erfc}\left(-b \cdot (t - t_0)\right) \quad (2.12)$

$\quad = \dfrac{1}{2}\left(1 - \mathrm{erf}\left(-b \cdot (t - t_0)\right)\right) \quad (2.13)$

$\quad = \dfrac{1}{2}\left(1 + \mathrm{erf}\left(b \cdot (t - t_0)\right)\right) \quad (2.14)$

$b = \dfrac{1}{\sqrt{2}\sigma}$ einsetzen:

$$f_1(t) * f_2(t) = \dfrac{1}{2}\left(1 + \mathrm{erf}\left(\dfrac{t - t_0}{\sqrt{2}\sigma}\right)\right). \quad (2.15)$$

**Berechnung der Halbwertsbreite einer Gaußfunktion**
Die Halbwertsbreite ist definiert als die Differenz der beiden Argumentwerte, bei denen die Funktionswerte auf die Hälfte des Maximums abgesunken sind.

Zunächst werden die Nullstellen der ersten Ableitung von $f_1(t)$ bestimmt:

$$\frac{\partial f_1(t)}{\partial t} = -\frac{1}{\sigma\sqrt{2\pi}} \cdot e^{-\frac{(t-t_0)^2}{2\sigma^2}} \cdot \frac{2(t-t_0)}{2\sigma^2} \stackrel{!}{=} 0. \qquad (2.16)$$

Gleichung 2.16 wird nur für $t = t_0$ Null.

Der Funktionswert bei halber Amplitude ist:

$$\frac{1}{2}f(t_0) = \frac{1}{2\sigma\sqrt{2\pi}} \cdot e^{-\frac{(t-t_0)^2}{2\sigma^2}} \qquad (2.17)$$

$$= \frac{1}{2\sigma\sqrt{2\pi}}. \qquad (2.18)$$

Der dazugehörige Wert von $t$ ergibt sich aus:

$$f(t) \stackrel{!}{=} \frac{1}{2}f(t_0). \qquad (2.19)$$

Annahme einer zur y-Achse spiegelsymmetrischen Funktion => $t_0 = 0$:

$$\frac{1}{\sigma\sqrt{2\pi}} \cdot e^{-\frac{(t-0)^2}{2\sigma^2}} \stackrel{!}{=} \frac{1}{2\sigma\sqrt{2\pi}} \qquad (2.20)$$

$$-\frac{t^2}{2\sigma^2} = \ln\left(\frac{1}{2}\right) \qquad (2.21)$$

$$t^2 = \ln(2) \cdot 2\sigma^2 \qquad (2.22)$$

$$t = \sqrt{\ln 2 \cdot 2\sigma^2}. \qquad (2.23)$$

Die Breite bei halber Amplitude $\Delta t$ für eine zur y-Achse spiegelsymmetrischen Funktion ist $2t$. Daraus folgt:

$$\Delta t = 2\sigma\sqrt{2\ln 2}. \qquad (2.24)$$

# C. Justage des optisch-parametrischen Verstärkers

Die folgende Justagebeschreibung bezieht sich auf Abb. C.1 und kursiv geschriebene Wörter im Text entsprechen den Beschriftungen in der Abbildung.
Für die Justage der ersten Verstärkungsstufe des OPAs ist der Pumpstrahl mit den beiden Spiegeln vor dem OPA auf die *Blende1* und *Blende2* zu justieren, letztere bleibt zunächst geschlossen. Nun wird die Güte des Weißlichtkontinuums geprüft. Dafür wird hinter die Saphirplatte (Saphir, Dicke: 2 mm, c$\perp$ Achse) eine weiße Karte gehalten und die Position der Platte in Pumpstrahlrichtung so lange verändert, bis ein möglichst geringer Rotanteil im Weißlicht vorhanden ist. Nun sollte das Kontinuum mit dem ersten Pumpstrahl auf der Vorderseite des Spiegels $HR_1 800$ zusammentreffen. Ist dies nicht der Fall, können Abweichungen mit dem Spiegel *S1* korrigiert werden. Im Anschluss ist dann unbedingt zu überprüfen, ob die beiden Strahlen hinter dem BBO-Kristall aufeinander liegen. Gegebenenfalls muss dies mithilfe des Spiegels $HR_1 800$ eingestellt werden. Der zeitliche Überlapp kann nun auf maximal infrarote Leistung optimiert werden, indem eine Infrarotkarte (IR-Sensorkarte, Q32-R, Laser 2000) vor den Spiegel *ks250* gestellt und der zeitliche Überlapp mit dem Verschiebetisch *Delay1* auf größte Intensität optimiert wird. Jetzt liegen der infrarote Strahl (Signal) und das Weißlicht (Seed) räumlich und zeitlich übereinander. Wenn beide Strahlen nicht absolut deckungsgleich durch den Kristall laufen, kann eine relative Korrektur der Position beider Strahlen mit *S1* vorgenommen werden. Entsprechend ist dann der zeitliche Überlapp (*Delay1*) erneut zu optimieren. Die Fokussierung des Weißlichts wird über die Position der achromatischen Linse *af30* in Strahlrichtung auf maximale Leistung justiert. Nach der ersten Stufe sollte die mittlere Leistung des Signalstrahls 1 mW betragen.

## C. Justage des optisch- parametrischen Verstärkers

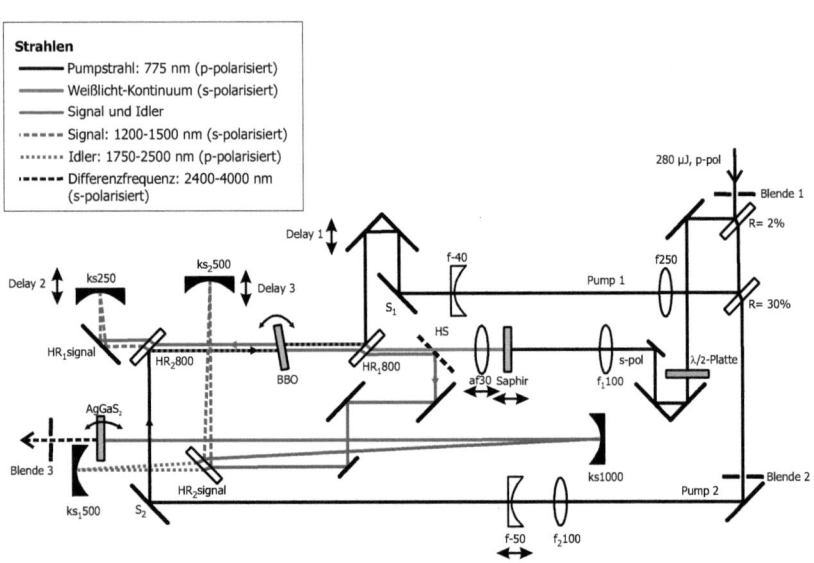

**Linsen**
f x: Linse mit Brennweite x in mm
af30: achromatische Linse, f= 30 mm

**Spiegel**
R= x %: Dichroitischer Spiegel mit Reflektivität x %
$HR_n800$: HR@ 800 nm, HTp@ 1200- 2400 nm, S2:
ARp@1200-2400nm, d= 3mm, AOI= 45°,
⌀ : 25.4 mm, BK7
$HR_n$signal: HRs@1200-1600nm, HTp@1800-2500nm,
S2: ARp@1600-2500 nm, d= 3 mm, AOI=
45°, ⌀ : 25.4 mm, BK7
$ks_n$x: Konkav Spiegel, Silber, x = -f [mm]
HS: Spiegel auf halber Höhe, Silber
$S_n$: Dichroitischer Spiegel, HR 780 nm

**anisotrope Medien**
Saphir: Saphir, d = 2 mm, ⊥c-Achse, ⌀ : 13 mm
BBO: β-Bariumborat, Typ II, 5x5x5 $mm^3$, S1/S2:
P-coating, θ= 28°, φ= 30°
$AgGaS_2$: $AgGaS_2$-Kristall, Typ I, 5x5x1 $mm^3$, θ= 39°
φ= 90°

**Sonstiges**
λ/2-Platte: Halbwellen-Verzögerungsplatte
Delay n: Verzögerungsbühne

**Abstände im OPA**
Δ(f-40, f250): 210 mm
Δ($f_1$100, Saphir): 98 mm
Δ($f_1$100, af30): ~ 130 mm
Δ(af30, BBO): ~ 210 mm
Δ(ks250, BBO): 220 mm
Δ(f-50, $f_2$100): 50 mm

**Abstände in der DFG**
Δ($ks_2$500, $HR_2$signal): 170 mm
Δ($ks_2$500, $HR_2$signal): 168 mm
Δ(ks1000, $AgGaS_2$): 350 mm

Abbildung C.1.: Aufbau des optisch parametrischen Verstärkers

Um diese messen zu können, muss der Spiegel *ks250* ausgebaut und das Leistungsmessgerät an seinen Platz gestellt werden.

Die Strahlen (Pump und Signal) der zweiten Verstärkungsstufe dürfen nicht seitlich gegenüber denen der ersten versetzt sein (s. Abb. C.2). Der noch zu erkennende blau-grüne Anteil des Signalstrahls wird mit *ks250* höhenversetzt durch den BBO auf die obere Kante des

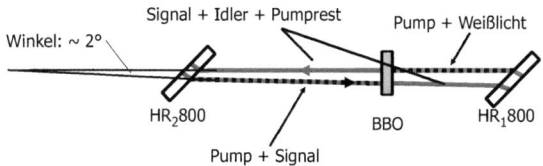

Abbildung C.2.: Seitenansicht auf den BBO-Kristall des OPAs

halbhohen Spiegels *HS* gelegt. Nach Öffnen von *Blende2* wird der Pumpstrahl mit *S2* auf der Vorderseite von $HR_2 800$ mit dem Profil des Signalstrahls zur Deckung gebracht. Anschließend wird mit $HR_2 800$ der Pumpstrahl vor *HS* mit dem Signalstrahl überlagert. Die zeitliche Übereinstimmung zwischen Pump- und Signalstrahl im BBO-Kristall ist mit der Bühne *Delay2* eingestellt, wenn vor der Auskopplung in Richtung der DFG (in Strahlrichtung hinter *HS*) ein blauer, grüner sowie ein roter Strahl auf einer weißen Karte zu erkennen sind. Da der zweite Pumpstrahl einen relativ großen Strahldurchmesser besitzt, ist die so eingestellte räumliche Überlagerung in den meisten Fällen noch nicht präzise genug. Um sie zu optimieren, werden die farblich unterschiedlichen Strahlen mit *ks250* auf einen Punkt justiert. Hinter *Blende3* wird ein Powermeter (Melles Griot, 13PEM001) gestellt, der DFG-Kristall ($AgGaS_2$) entfernt und die μm-Schraube der Verzögerungsbühne *Delay2* auf maximale Leistung gedreht ($P \approx 40\,\mathrm{mW}$).

Für die Justage der Differenzfrequenzerzeugung wird der DFG-Kristall wieder in den Strahlengang eingesetzt. Signal- und Idlerstrahl müssen für eine optimale Erzeugung auf dem Spiegel $HR_2 signal$ räumlich aufeinander liegen. Dies kann durch Einstellen der konkaven Spiegel $ks_1 500$ bzw. $ks_2 500$ auf einen verbleibenden sichtbaren Lichtanteil erreicht werden. Der Spiegel *ks1000* wird auf *Blende3* justiert und die zeitliche Überlagerung von Signal-

## C. Justage des optisch- parametrischen Verstärkers

und Idlerstrahl im $AgGaS_2$-Kristall mit *Delay3* auf maximale Leistung eingestellt. Wurden große Änderungen bei der Justage am OPA vorgenommen, so ist es hilfreich, die zeitliche Übereinstimmung zunächst mit einer PbSe-Photodiode zu messen. Diese reagiert wesentlich empfindlicher auf die erzeugte Differenzfrequenz als das Leistungsmessgerät.

Die in beiden Pumpstrahlen eingebauten Teleskope sind für die optisch parametrische Verstärkung optimal[*]. Die Strahlen werden nicht fokussiert, sondern nur in ihrem Strahldurchmesser um einen bestimmten Faktor verkleinert. Die Verkleinerung beträgt in der ersten Verstärkungsstufe 6.25 (*Pump1*) und in der zweiten 2 (*Pump2*).

Sind OPA und DFG justiert, müssen nur noch die zeitlichen Übereinstimmungen (*Delay2/3*) und die Phasenanpassungen über die Winkel der Kristalle (BBO, $AgGaS_2$) verändert werden, um die benötigte Wellenlänge auszuwählen. Das Spektrum des Probepulses kann dafür direkt auf dem Monitor des PCs angezeigt werden.

---

[*]bezüglich Leistung und Stabilität des erzeugten MIR-Strahls

# D. Justage des Fabry-Pérot-Etalons

Bevor das Etalon in den Pumpstrahl gestellt wird, muss dieser bereits wie für Pump-Probe-Messungen optimiert sein. Ist dies der Fall, liegen der infrarote Strahl und der des Justagelasers übereinander. Somit kann letzterer zur Vorjustage benutzt werden. Zunächst ist es hilfreich, eine Karte zwischen beide Etalonspiegel zu stellen, um den in Strahlrichtung ersten Spiegel zu justieren. Die im Strahldurchmesser große Reflexion des He:Ne-Lasers muss in sich zurücklaufen. Dies kann sehr gut am Ausgang des He:Ne-Lasers überprüft werden. Nach Entfernen der Karte wird der Abstand beider Spiegel über die µm-Schraube verkleinert. Eine weitere weiße Karte mit einem Loch wird hinter den Ausgang des Justagelasers positioniert, so dass der Strahl durch das Loch der Karte verläuft. Die Reflexion weist nun ein Interferenzmuster auf, dass um das Loch herum zu sehen ist. Dieses kann durch die Justage des hinteren Etalonspiegels verändert werden. Die gewünschte Parallelität der Spiegel äußert sich in einem Interferenzmuster mit möglichst wenigen Minima und Maxima.

Bevor eine Feineinstellung vorgenommen wird, sollte die Spannungsquelle für den Piezo angeschaltet und das Stabilisierungspromgramm für das Etalon* gestartet sein, da das Aufrufen des Programms den Spiegelabstand verändert. Für die sich anschließenden Schritte ist es am einfachsten, den Pumpstrahl durch den Polychromator auf dem MCT-Zeilendetektor abzubilden, da so das Pumpstrahlspektrum direkt auf einem Monitor zu beobachten ist. Hierzu dient der in Abb. 3.5 gestrichelt eingezeichnete Strahlengang.

Nun kann der Spiegelabstand im Etalon kontinuierlich verkleinert werden. Zunächst liegen noch viele Maxima auf dem Detektor. Die Amplitude wird durch vorsichtige Justage des hinteren Etalonspiegels vergrößert. Je kleiner der Spiegelabstand, umso größer sind die Abstände zwischen den Maxima.

---

*Ein in der Programmierumgebung Agilent-Vee erstelltes Stabilisierungsprogramm, dass den He:Ne-Laser als Referenz verwendet (vgl. Seite 52).

D. Justage des Fabry-Pérot-Etalons

Eine optimale Position ist erreicht, wenn nur noch ein Transmissionsmaximum auf dem Monitor zuerkennen ist und das anschließend gemessene FTIR-Spektrum eine Halbwertsbreite um $22\,\text{cm}^{-1}$ aufweist.

# E. Zusätzliche lineare Absorptionsspektren der Polyole

**Absorptionsspektren der Polyole in CDCl$_3$ bei angegebenen Konzentrationen**

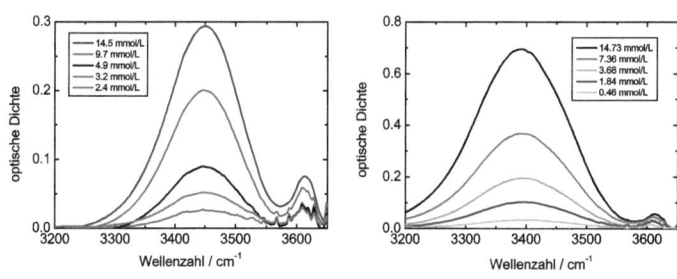

Abbildung E.1.: syn-DiolAbbildung E.2.: syn-Tetrol

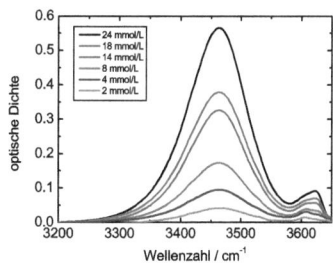

Abbildung E.3.: anti-Diol

E. Zusätzliche lineare Absorptionsspektren der Polyole

**Absorptionsspektren der Polyole in CDCl$_3$ bei angegebenen Temperaturen**

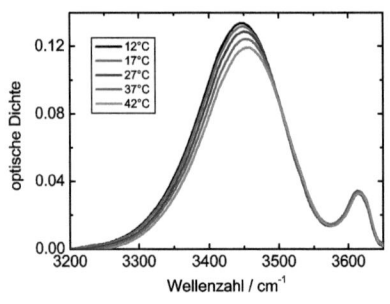

Abbildung E.4.: syn-Diol

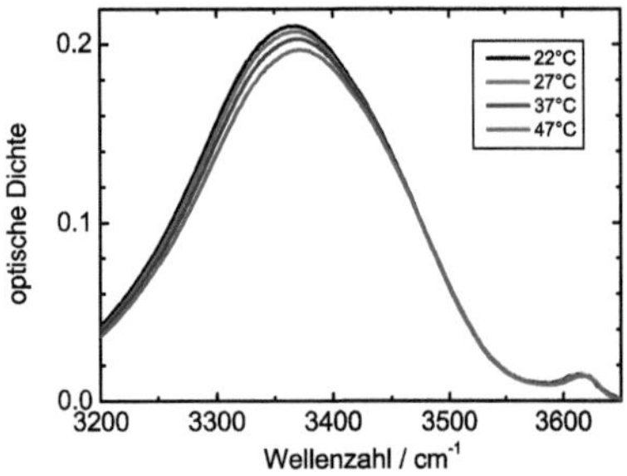

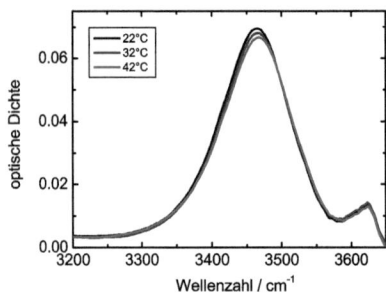

Abbildung E.6.: anti-Diol

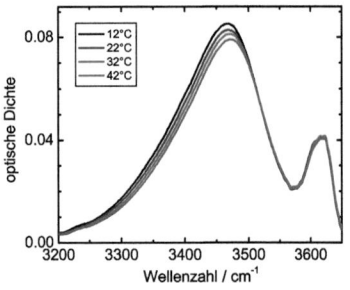

Abbildung E.5.: syn-Hexol

Abbildung E.7.: anti-Hexol

# F. Transiente Signale der Polyole

Im Folgenden sind ausgewählte transiente Signale der Polyole in $CDCl_3$ am Maximum (rot), am isosbestischen Punkt bzw. zwischen beiden Extrema (grün), am Minimum (schwarz) und an der blauen Flanke (blau) des transienten Spektrums mit den jeweils angepassten Funktionen gezeigt. Die entsprechenden Probefrequenzen sind in der Bildunterschrift angeben.

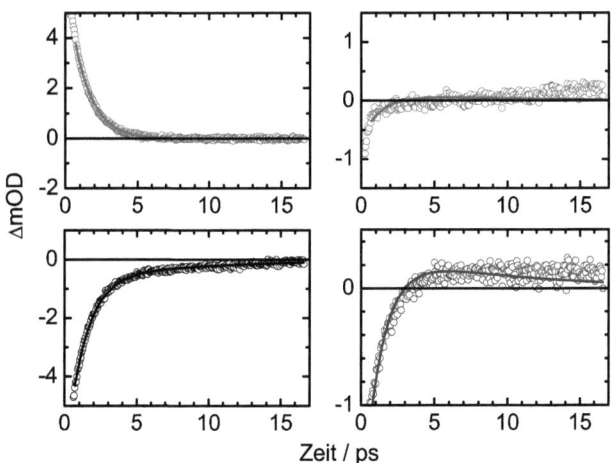

Abbildung F.1.: anti-Diol, rot: $3230\,cm^{-1}$, grün: $3340\,cm^{-1}$, schwarz: $3450\,cm^{-1}$, blau: $3515\,cm^{-1}$

## F. Transiente Signale der Polyole

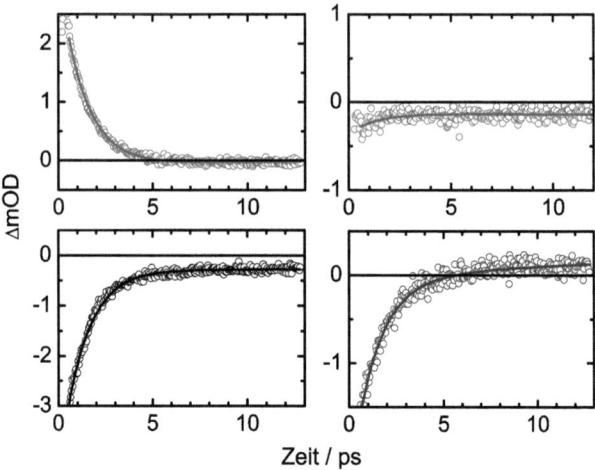

Abbildung F.2.: anti-Tetrol I, $\tilde{\nu}_{Pump}$: $3505\,cm^{-1}$, rot: $3240\,cm^{-1}$, grün: $3340\,cm^{-1}$, schwarz: $3465\,cm^{-1}$, blau: $3515\,cm^{-1}$

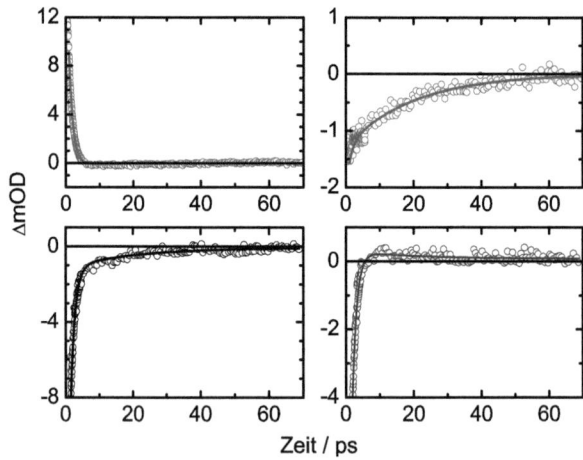

Abbildung F.3.: anti-Tetrol II, Pump: $3415\,cm^{-1}$, rot: $3240\,cm^{-1}$, grün: $3340\,cm^{-1}$, schwarz: $3465\,cm^{-1}$, blau: $3515\,cm^{-1}$

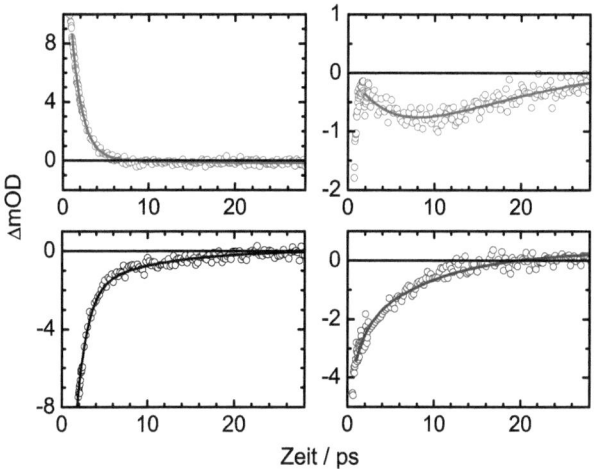

Abbildung F.4.: anti-Hexol, rot: $3240\,\text{cm}^{-1}$, grün $3345\,\text{cm}^{-1}$, schwarz: $3470\,\text{cm}^{-1}$, blau $3615\,\text{cm}^{-1}$

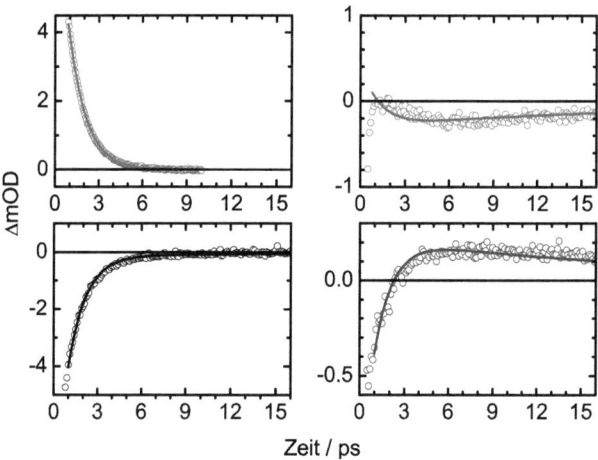

Abbildung F.5.: syn-Diol, rot: $3230\,\text{cm}^{-1}$, grün: $3350\,\text{cm}^{-1}$, schwarz: $3450\,\text{cm}^{-1}$, blau: $3525\,\text{cm}^{-1}$

## F. Transiente Signale der Polyole

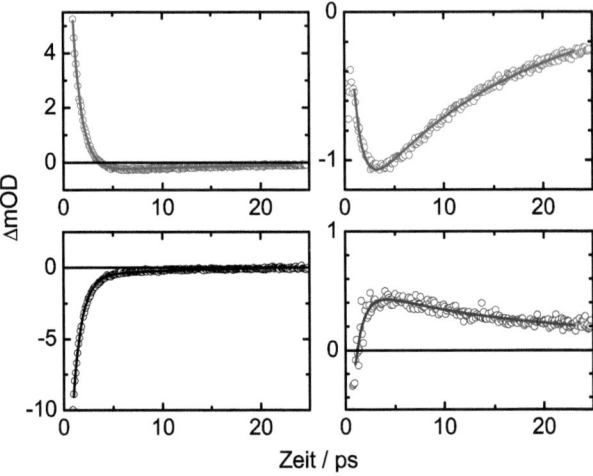

Abbildung F.6.: syn-Tetrol, rot: $3190\,\text{cm}^{-1}$, grün: $3300\,\text{cm}^{-1}$, schwarz: $3380\,\text{cm}^{-1}$, blau: $3515\,\text{cm}^{-1}$

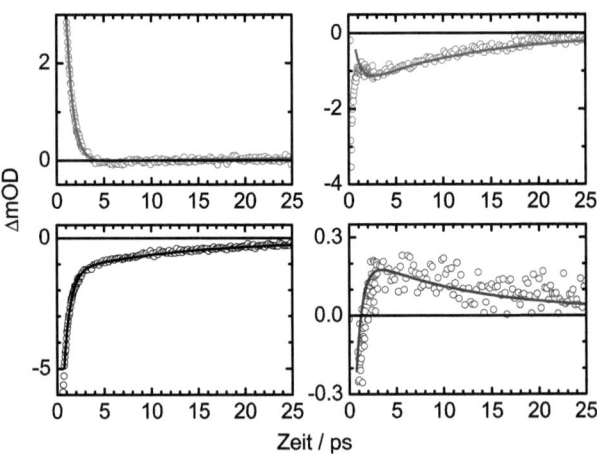

Abbildung F.7.: syn-Hexol, rot: $3140\,\text{cm}^{-1}$, grün: $3240\,\text{cm}^{-1}$, schwarz: $3360\,\text{cm}^{-1}$, blau: $3520\,\text{cm}^{-1}$

# G. Schwingungsanharmonizität in transienten Spektren

Transiente Spektren setzen sich aus einer negativen und einer positiven differentiellen optischen Dichte zusammen. Der negative Anteil wird durch das Ausbleichen des Grundzustands $|0\rangle$ sowie der stimulierten Emission aus dem ersten angeregten Schwingungszustand $|1\rangle$ hervorgerufen. Die transiente Absorption aus dem ersten angeregten Zustand bewirkt eine positive differentielle optische Dichte, die aufgrund der Schwingungsanharmonizität niederfrequent gegenüber dem Ausbleichen und der stimulierten Emission verschoben ist. Unter Annahme einer Gaußverteilung des positiven und des negativen Signalbeitrags ergibt sich ein in Abbildung G.1 A gezeigtes transientes Spektrum (schwarz). Das Ausbleichen sowie die stimulierte Emission (blau) und die transiente Absorption (rot) besitzen eine kleine Frequenzbreite bei halber Amplitudenhöhe (Halbwertsbreite oder FWHM) gegenüber dem Abstand der Extrema. In diesem Fall entspricht der Frequenzunterschied zwischen Maximum und Minimum des transienten Spektrums $\Delta\tilde{\nu}_{\text{Extrema}}$ der Schwingungsanharmonizität $x_e\tilde{\nu}_e$.

In Abbildung G.1 B ist ein transientes Spektrum für FWHM $> x_e\tilde{\nu}_e$ schwarz dargestellt. Hier entspricht $\Delta\tilde{\nu}_{\text{Extrema}}$ offensichtlich nicht mehr der Schwingungsanharmonizität, da die Überlagerung beider Gaußfunktionen mit großer FWHM eine Verschiebung der Extrema verursacht. Das heißt, das Verhältnis zwischen Bandbreite FWHM und Frequenzdifferenz der Extrema ($\Delta\tilde{\nu}_{\text{Extrema}}$) bestimmt, ob die Schwingungsanharmonizität ($x_e\tilde{\nu}_e$) aus den transienten Spektren abzulesen ist.

## G. Schwingungsanharmonizität in transienten Spektren

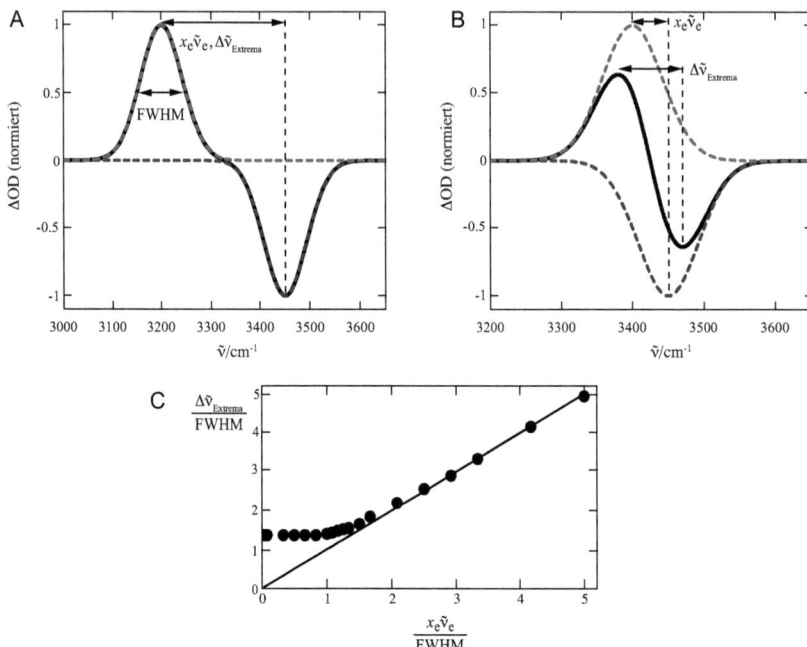

Abbildung G.1.: Schwingungsanharmonizität in transienten Spektren; $A$: Die transiente Absorption aus $|1\rangle$ (rot) ist aufgrund einer großen Schwingungsanharmonizität deutlich niederfrequent gegenüber der blau dargestellten Bande des Ausbleichens von $|0\rangle$ und der stimulierten Emission aus $|1\rangle$ verschoben. Die Anharmonizität $x_e\tilde{\nu}_e$ ist größer als die Breite der Gaußprofile bei halber Amplitudenhöhe (FWHM), so dass hier die Schwingungsanharmonizität dem Frequenzunterschied $\Delta\tilde{\nu}_{\text{Extrema}}$ zwischen Minimum und Maximum des transienten Spektrums (schwarz) entspricht; $B$: Die Anharmonizität der Schwingung ist kleiner als in Abbildung A. Somit ist $\Delta\tilde{\nu}_{\text{Extrema}}$ nicht gleich der Schwingungsanharmonizität; $C$: Frequenzunterschied der Extrema $\Delta\tilde{\nu}_{\text{Extrema}}$ simulierter transienter Spektren in Abhängigkeit von der Schwingungsanharmonizität $x_e\tilde{\nu}_e$ und der Halbwertsbreite FWHM.

Für verschiedene Halbwertsbreiten (FWHM) und Anharmonizitäten wurden transiente Spektren simuliert. Das Verhältnis von $\Delta\tilde{\nu}_{\text{Extrema}}$ zur Halbwertsbreite ist in Abbildung G.1 C gegen $x_e\tilde{\nu}_e$ bezüglich FWHM aufgetragen. Für

$$\frac{x_e\tilde{\nu}_e}{\text{FWHM}} > 1.5 \qquad (7.1)$$

gilt näherungsweise der Zusammenhang

$$\Delta\tilde{\nu}_{\text{Extrema}} = x_e\tilde{\nu}_e. \qquad (7.2)$$

Das heißt, die Schwingungsanharmonitzität entspricht der Frequenzdifferenz der Extrema im transienten Spektrum, wenn die Bandbreite klein gegenüber der Anharmonizität ist.

# H. Modell für syn-Polyole

Zum Zeitpunkt $t = 0$ ist die Besetzung der Schwingungszustände im syn-Polyol $[|10\rangle] = [|10\rangle_0]$, $[|01\rangle] = 0$ und $[|0_\infty\rangle] = 0$. Nach Anregung mit einem Laserpuls ist sie zum Zeitpunkt $t$ gegeben durch

$$\frac{d[|10\rangle]}{dt} = -k_1[|10\rangle] \tag{8.1}$$

$$\frac{d[|01\rangle]}{dt} = k_1[|10\rangle] - k_2[|01\rangle] \tag{8.2}$$

$$\frac{d[|0_\infty\rangle]}{dt} = k_2[|01\rangle]. \tag{8.3}$$

Laplacetransformation der Differentialgleichungen unter Anwendung von $L\{F'(t)\} = sL\{F(t)\} - F(0)$ ergibt

$$sL\{[|10\rangle]\} - [|10\rangle_0] = -k_1 L\{[|10\rangle]\} \tag{8.4}$$

$$sL\{[|01\rangle]\} = k_1 L\{[|10\rangle]\} - k_2 L\{[|01\rangle]\} \tag{8.5}$$

$$sL\{[|0_\infty\rangle]\} = k_2 L\{[|01\rangle]\}. \tag{8.6}$$

Umformen von *8.4*

$$L\{[|10\rangle]\} = \frac{[|10\rangle_0]}{s + k_1} \tag{8.7}$$

## H. Modell für syn-Polyole

und einsetzen in 8.5 und 8.6 liefert

$$L\{[|01\rangle)]\} = \frac{k_1[|10\rangle_0]}{(s+k_1)(s+k_2)} \qquad (8.8)$$

und

$$L\{[|0_\infty\rangle)]\} = \frac{k_1 k_2 [|10\rangle_0]}{s(s+k_1)(s+k_2)}. \qquad (8.9)$$

Aus einer Rücktransformation[61] nach

$$L^{-1}\left\{\frac{1}{s-k}\right\} = e^{kt}$$

$$L^{-1}\left\{\frac{1}{(s-k_1)(s-k_2)}\right\} = \frac{e^{k_2 t} - e^{k_1 t}}{k_2 - k_1}$$

$$L^{-1}\left\{\frac{1}{(s-k_1)(s-k_2)(s-k_3)}\right\} = -\frac{(k_2-k_3)e^{k_1 t} + (k_3-k_1)e^{k_2 t} + (k_1-k_2)e^{k_3 t}}{(k_1-k_2)(k_2-k_3)(k_3-k_1)}$$

erhält man aus 8.7 bis 8.9

$$[|10\rangle](t) = [|10\rangle_0]e^{-k_1 t} \qquad (8.10)$$

$$[|01\rangle](t) = \frac{k_1[|10\rangle_0]}{k_1 - k_2}\left(e^{-k_2 t} - e^{-k_1 t}\right) \qquad (8.11)$$

$$[|0_\infty\rangle](t) = \frac{[|10\rangle_0]}{k_2 - k_1}\left((k_2 - k_1) - k_2 e^{-k_1 t} + k_1 e^{-k_2 t}\right). \qquad (8.12)$$

Die differentielle optische Dichte setzt sich aus der transienten Absorption, dem Grundzustandsausbleichen, der stimulierten Emission, der Absorption aus dem thermisch angeregten Zustand und der Restabsorption entsprechend Abbildung 4.27 zusammen.

Zusätzlich muss die Massenbilanz bzw. die Teilchenerhaltung berücksichtigt werden. Die differentielle optische Dichte ergibt sich damit zu

$$\Delta OD(t) = \sigma_{10 \to 20}[|10\rangle](t) + \sigma_{00 \to 10}\big([|00\rangle](t) - [|10\rangle](t)\big)$$
$$+ \sigma_{01 \to 11}[|01\rangle](t) + \sigma_{0\infty \to 1\infty}[|0_\infty\rangle](t)$$
$$- \sigma_{00 \to 10}\big([|00\rangle](t) + [|10\rangle](t) + [|01\rangle](t) + [|0_\infty\rangle](t)\big)$$
$$= (\sigma_{10 \to 20} - 2\sigma_{00 \to 10})\,[|10\rangle](t) + (\sigma_{01 \to 11} - \sigma_{00 \to 10})\,[|01\rangle](t)$$
$$+ (\sigma_{0\infty \to 1\infty} - \sigma_{00 \to 10})\,[|0_\infty\rangle](t). \tag{8.13}$$

Aus Einsetzen von *8.10* bis *8.12* in *8.13* folgt

$$\Delta OD'(t) = \frac{\Delta OD(t)}{[|10\rangle_0]} = \frac{k_1(\Delta\sigma - \Delta\sigma_{nb}) - k_2(\Delta\sigma - \Delta\sigma_\infty)}{k_1 - k_2} \cdot \exp(-k_1 t)$$
$$+ \frac{k_1(\Delta\sigma_{nb} - \Delta\sigma_\infty)}{k_1 - k_2} \cdot \exp(-k_2 t) + \Delta\sigma_\infty \tag{8.14}$$

mit $\Delta\sigma(\tilde{\nu}) = \big(\sigma_{10 \to 20}(\tilde{\nu}) - 2\sigma_{00 \to 10}(\tilde{\nu})\big)$, $\Delta\sigma_{nb}(\tilde{\nu}) = \big(\sigma_{01 \to 11}(\tilde{\nu}) - \sigma_{00 \to 10}(\tilde{\nu})\big)$ und $\Delta\sigma_\infty(\tilde{\nu}) = \big(\sigma_{0\infty \to 1\infty}(\tilde{\nu}) - \sigma_{00 \to 10}(\tilde{\nu})\big)$.

Die Absorptionskoeffizienten lassen sich aus Gleichung *8.14* und den aus Anpassrechnungen erhaltenen Amplituden $A_1(\tilde{\nu})$, $A_2(\tilde{\nu})$ und $A_3(\tilde{\nu})$ folgendermaßen berechnen:

$$\Delta\sigma(\tilde{\nu}) = A_1(\tilde{\nu}) + A_2(\tilde{\nu}) + A_3(\tilde{\nu}) \tag{8.15}$$

$$\Delta\sigma_{nb}(\tilde{\nu}) = A_2(\tilde{\nu})\frac{k_1 - k_2}{k_1} + A_3(\tilde{\nu}) \tag{8.16}$$

$$\Delta\sigma_\infty(\tilde{\nu}) = A_3(\tilde{\nu}). \tag{8.17}$$

# I. Modell für anti-Polyole

Zum Zeitpunkt $t = 0$ ist die Besetzung der Schwingungszustände im anti-Polyol für den Fall einer **vernachlässigbaren Anregung des freien OH-Oszillators** $[|10\rangle] = [|10\rangle_0]$ und $[|01\rangle] = 0$. Nach Anregung mit einem Laserpuls ist die Besetzung gegeben durch

$$\frac{d[|10\rangle]}{dt} = -k_1[|10\rangle] \tag{9.1}$$

$$\frac{d[|01\rangle]}{dt} = k_1[|10\rangle] - k_2[|01\rangle]. \tag{9.2}$$

Laplacetransformation der Differentialgleichungen nach $L\{F'(t)\} = sL\{F(t)\} - F(0)$ ergibt

$$sL\{[|10\rangle]\} - [|10\rangle_0] = -k_1 L\{[|10\rangle]\} \tag{9.3}$$

$$sL\{[|01\rangle]\} = k_1 L\{[|10\rangle]\} - k_2 L\{[|01\rangle]\}. \tag{9.4}$$

Umformen von 9.3

$$L\{[|10\rangle]\} = \frac{[|10\rangle_0]}{s + k_1} \tag{9.5}$$

und einsetzen in 9.4 liefert

$$L\{[|01\rangle]\} = \frac{k_1[|10\rangle_0]}{(s + k_1)(s + k_2)}. \tag{9.6}$$

## I. Modell für anti-Polyole

Aus einer Rücktransformation[61] erhält man

$$[|10\rangle](t) = [|10\rangle_0] e^{-k_1 t} \tag{9.7}$$

und

$$[|01\rangle](t) = \frac{k_1 [|10\rangle_0]}{k_2 - k_1} \left( e^{-k_1 t} - e^{-k_2 t} \right). \tag{9.8}$$

Die differentielle optische Dichte enthält Beiträge der transienten Absorption, des Grundzustandsausbleichens, der stimulierten Emission und der Absorption aus dem thermisch angeregten Zustand (vgl. Abb. 4.31):

$$\Delta OD(t) = \sigma_{10 \to 20}[|10\rangle](t) + \sigma_{00 \to 10}\big([|00\rangle](t) - [|10\rangle](t)\big) + \tag{9.9}$$
$$\sigma_{01 \to 11}[|01\rangle](t) - \sigma_{00 \to 10}\big([|00\rangle](t) + [|10\rangle](t) + [|01\rangle](t)\big)$$
$$= (\sigma_{10 \to 20} - 2\sigma_{00 \to 10})\,[|10\rangle](t) + (\sigma_{01 \to 11} - \sigma_{00 \to 10})\,[|01\rangle](t).$$

Hierbei wurde zusätzlich die Teilchenerhaltung durch den Term $\sigma_{00 \to 10}\big([|00\rangle](t) + [|10\rangle](t) + [|01\rangle](t)\big)$ berücksichtigt.

Einsetzen von *9.7* und *9.8* in *9.9* unter Verwendung von $\Delta OD'(t) = \Delta OD(t) \cdot [|10\rangle_0]^{-1}$ ergibt

$$\Delta OD'(t) = \frac{k_1(\Delta\sigma - \Delta\sigma_{nb}) - k_2 \Delta\sigma}{k_1 - k_2} \cdot \exp(-k_1 t) + \frac{k_1 \Delta\sigma_{nb}}{k_1 - k_2} \cdot \exp(-k_2 t) \tag{9.10}$$

mit $\Delta\sigma(\tilde{\nu}) = \big(\sigma_{10 \to 20}(\tilde{\nu}) - 2\sigma_{00 \to 10}(\tilde{\nu})\big)$ und $\Delta\sigma_{nb}(\tilde{\nu}) = \big(\sigma_{01 \to 11}(\tilde{\nu}) - \sigma_{00 \to 10}(\tilde{\nu})\big)$.

Die differentiellen Absorptionskoeffizienten lassen sich mit Gleichung *9.10* sowie mit den aus Anpassrechnungen erhaltenen Amplituden $A_1(\tilde{\nu})$ und $A_2(\tilde{\nu})$ berechnen:

$$\Delta\sigma_{nb}(\tilde{\nu}) = A_2(\tilde{\nu}) \frac{k_1 - k_2}{k_1} \tag{9.11}$$

$$\Delta\sigma(\tilde{\nu}) = A_1(\tilde{\nu}) + A_2(\tilde{\nu}). \tag{9.12}$$

Für **gleichzeitige Anregung schwach H-verbrückter und freier OH-Gruppen** in den anti-Polyolen ist die Besetzung der einzelnen Zustände

$$\frac{d[|10\rangle]}{dt} = -k_1[|10\rangle] \tag{9.13}$$

$$\frac{d[|01\rangle]}{dt} = k_1[|10\rangle] - k_2[|01\rangle] \tag{9.14}$$

$$\frac{d[|1\rangle]}{dt} = -k_{\text{frei}}[|1\rangle]. \tag{9.15}$$

Die Anfangsbedingungen sind $[|10\rangle] = [|10\rangle_0]$, $[|01\rangle] = [|1\rangle] = 0$ und $[|1\rangle] = [|1\rangle_0]$. Laplacetransformation der Differentialgleichungen nach $L\{F'(t)\} = sL\{F(t)\} - F(0)$ ergibt

$$sL\{[|10\rangle]\} - [|10\rangle_0] = -k_1 L\{[|10\rangle]\} \tag{9.16}$$

$$sL\{[|01\rangle]\} = k_1 L\{[|10\rangle]\} - k_2 L\{[|01\rangle]\} \tag{9.17}$$

$$sL\{[|1\rangle]\} - [|1\rangle_0] = -k_{\text{frei}} L\{[|1\rangle]\}. \tag{9.18}$$

Umformen von 9.16

$$L\{[|10\rangle]\} = \frac{[|10\rangle_0]}{s + k_1} \tag{9.19}$$

und einsetzen in 9.17 liefert

$$L\{[|01\rangle]\} = \frac{k_1[|10\rangle_0]}{(s + k_1)(s + k_2)}. \tag{9.20}$$

Aus 9.18 ergibt sich

$$L\{[|1\rangle]\} = \frac{[|1\rangle_0]}{s + k_{\text{frei}}}. \tag{9.21}$$

I. Modell für anti-Polyole

Aus einer Rücktransformation[61] von *9.19* bis *9.21* erhält man

$$[|10\rangle](t) = [|10\rangle_0]e^{-k_1 t} \qquad (9.22)$$

$$[|01\rangle](t) = \frac{k_1[|10\rangle_0]}{k_2 - k_1}\left(e^{-k_1 t} - e^{-k_2 t}\right) \qquad (9.23)$$

$$[|1\rangle](t) = [|1\rangle_0]e^{-k_{\text{frei}} t}. \qquad (9.24)$$

Das pumpinduzierte Signal ist gegeben durch (vgl. Abb. 4.31)

$$\begin{aligned}\Delta OD(t) =& \sigma_{10\to 20}[|10\rangle](t) + \sigma_{00\to 10}\big([|00\rangle](t) - [|10\rangle](t)\big) + \sigma_{01\to 11}[|01\rangle](t) \\& - \sigma_{00\to 10}\big([|00\rangle](t) + [|10\rangle](t) + [|01\rangle](t)\big) \\& + \sigma_{1\to 2}[|1\rangle](t) + \sigma_{0\to 1}\big([|0\rangle](t) - [|1\rangle](t)\big) - \sigma_{0\to 1}\big([|0\rangle](t) + [|1\rangle](t)\big) \\=& \big(\sigma_{10\to 20} - 2\sigma_{00\to 10}\big)[|10\rangle](t) + \big(\sigma_{01\to 11} - \sigma_{00\to 10}\big)[|01\rangle](t) \\& + \big(\sigma_{1\to 2} - 2\sigma_{0\to 1}\big)[|1\rangle](t). \qquad (9.25)\end{aligned}$$

Da in den hier vorliegenden Daten (s. Tabelle 4.4) $k_2 \approx k_{\text{frei}}$ ist, ergibt sich eine differentielle optische Dichte von

$$\Delta OD(t) = \left(\Delta\sigma - \frac{k_1 \Delta\sigma_{nb}}{k_1 - k_2}\right)\cdot e^{-k_1 t} + \left(\Delta\sigma_{frei} + \frac{k_1 \Delta\sigma_{nb}}{k_1 - k_2}\right)\cdot e^{-k_2 t} \qquad (9.26)$$

mit

$$\begin{aligned}\Delta\sigma(\tilde{\nu}) &= \big(\sigma_{10\to 20}(\tilde{\nu}) - 2\cdot\sigma_{00\to 10}(\tilde{\nu})\big)[|10\rangle_0] \\\Delta\sigma_{nb}(\tilde{\nu}) &= \big(\sigma_{01\to 11}(\tilde{\nu}) - \sigma_{00\to 10}(\tilde{\nu})\big)[|10\rangle_0] \\\Delta\sigma_{frei}(\tilde{\nu}) &= \big(\sigma_{1\to 2}(\tilde{\nu}) - 2\sigma_{0\to 1}(\tilde{\nu})\big)[|1\rangle_0].\end{aligned}$$

Aus Anpassrechnungen erhaltene Amplituden setzen sich wie folgt aus den Absorptionskoeffizienten zusammen:

$$A_1(\tilde{\nu}) = \Delta\sigma - \frac{k_1 \Delta\sigma_{nb}}{k_1 - k_2} \qquad (9.27)$$

$$A_2(\tilde{\nu}) = \Delta\sigma_{frei} + \frac{k_1 \Delta\sigma_{nb}}{k_1 - k_2}. \qquad (9.28)$$

# J. Verdünnungsreihe von 18-Krone-6-Monohydrat

Abbildung J.1 zeigt Absorptionsspektren von 8 mmol/L Wasser bei angegebenen 18-Krone-6 Konzentrationen in $CCl_4$ bei 298 K und 1 bar. Das reine Lösungsmittelspektrum ($CCl_4$) mit 8 mmol/L $H_2O$ ist schwarz dargestellt und zeigt die beiden Banden der symmetrischen und asymmetrischen OH-Streckschwingung von Wasser.
Bereits bei einer geringen Zugabe von Kronenether verändert sich das Absorptionsspektrum. Es treten drei Banden und eine Verbreiterung an der roten Flanke der OH-Streckschwingungsbande auf. Diese sind mit zunehmender Absorptionsfrequenz von I bis IV nummeriert.

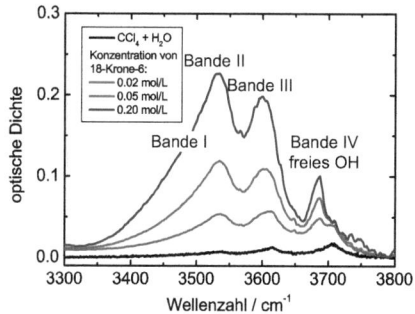

Abbildung J.1.: Absorptionsspektren von 8 mmol/L $H_2O$ mit angegebenen Konzentrationen von 18-Krone-6 in $CCl_4$ bei 298 K und 1 bar

# K. Pump-Probe-Spektroskopie an 18-Krone-6-Monohydrat

Transiente Spektren von $H_2O$/18-Krone-6 in $CCl_4$ sind für angegebene Zeiten nach Anregung mit einem IR-Laserpuls in Abbildung K.1 gezeigt. Eine detaillierte Beschreibung zur Entstehung transienter Spektren findet sich in Abschnitt 2.3.2. Für Pump-Probe-Messungen an $H_2O$/18-Krone-6 wird der gesamte Frequenzbereich der OH-Streckschwingung angeregt. Dies ist anhand einer guten Übereinstimmung von Pump- (rot) und Absorptionsspektrum (schwarz) in Abbildung K.1 zu sehen. Im Frequenzbereich der OH-Streckschwingungsabsorption ist ein Ausbleichen im transienten Spektrum zu erkennen. Ebenso wie das statische Spektrum weist das transiente Ausbleichen zwei Extrema und eine niederfrequente Verbreiterung der Bande auf. Das Ausbleichen der Bande III klingt schneller ab als das der Bande II. Dies ist daran zu erkennen, dass sich ihr Amplitudenverhältnis mit fortschreitender Verzögerungszeit umkehrt. Gleichzeitig verschiebt sich die Frequenz des maximalen Ausbleichens der Bande III ins Blaue. Das transiente Spektrum bei 25 ps zeigt dementsprechend noch ein breites Ausbleichen mit maximaler Amplitude im Frequenzbereich der Bande II.

Die transiente Absorption des ersten angeregten Zustands ist anharmonisch rotverschoben gegenüber dem Ausbleichen. Sie besitzt ein Maximum bei $3336\,cm^{-1}$ und klingt innerhalb von 25 ps vollständig ab. Gleichzeitig verschiebt sich ihr Maximum leicht ins Blaue. Trotz einer Frequenzänderung des Ausbleichens und der Absorption mit zunehmender Verzögerungszeit besitzen die transienten Spektren einen isosbestischen Punkt. Das Signal-Rauschverhältnis dieser Messungen erlaubt im Frequenzbereich des freien OH-Oszillators keine Interpretation, so dass dieser in Abbildung K.1 nicht gezeigt ist.

K. Pump-Probe-Spektroskopie an 18-Krone-6-Monohydrat

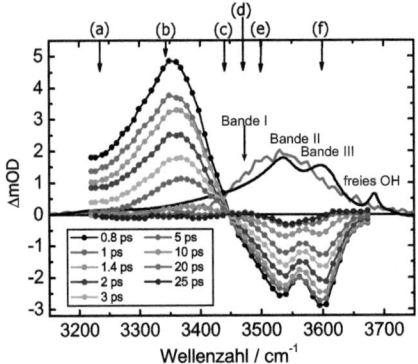

Abbildung K.1.: Transiente Spektren von 8 mmol/L $H_2O$ mit einem Zusatz von 100 mmol/L 18-Krone-6 in $CCl_4$ für unterschiedliche Zeiten nach der Anregung, schwarz: lineares Absorptionsspektrum, rot: Spektrum des Pumppulses

In Abbildung K.1 sind sechs Probefrequenzen mit (a) bis (f) gekennzeichnet. Für sie sind jeweils transiente Signale in Abbildung K.2 dargestellt. Grafik K.2 (a) und (b) zeigen transiente Signale im Frequenzbereich der Absorption. Beide Signale klingen monoton auf eine negative differentielle optische Dichte ab. In Abbildung K.2 (c) ist ein transientes Signal bei der Probefrequenz des isosbestischen Punktes abgebildet. Es verifiziert anhand seiner zeitliche Invarianz, den im transienten Spektrum identifizierten isosbestischen Punkt. Das transiente Signal (d), welches bei einer Probefrequenz zwischen isosbestischem Punkt und symmetrischer Streckschwingung aufgenommen wurde, zeigt einen sehr ungewöhnlichen Signalverlauf: Bei kurzen Verzögerungszeiten handelt es sich um ein Ausbleichen, welches sich bis etwa 20 ps einer differentiellen optischen Dichte von Null annähert. Im folgenden Verlauf nimmt die differentielle optische Dichte erneut bis etwa 50 ps ab, gefolgt von einem abermaligen Abklingen auf Null.

Grafiken (e) und (f) stellen Ausbleichsignale der Bande II (e) und III (f) dar. Die Signale dieser Banden klingen nahezu gleich schnell ab, allerdings auf unterschiedliche Restintensität: bei (e) ist sie etwa Null und bei (f) positiv.

Die Komplexität der transienten Signale, gezeigt in Abbildung K.2, könnte an der gleich-

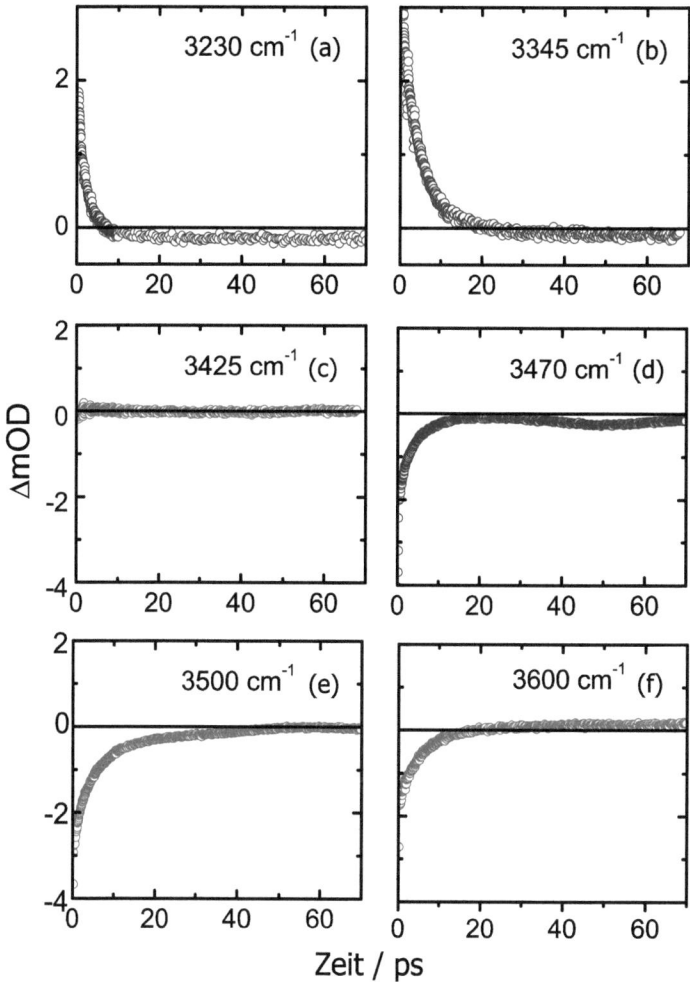

Abbildung K.2.: Transiente Signale (a) bis (f) von $H_2O$/18-Krone-6 in $CCl_4$ bei angegebenen Probefrequenzen; Angepasste Funktionen entsprechen: $f(t,\tilde{\nu}) = A_1(\tilde{\nu})) \cdot e^{-t/\tau_1(\tilde{\nu})} + A_2(\tilde{\nu})) \cdot e^{-t/\tau_2(\tilde{\nu})} + A_3(\tilde{\nu})$ und ergaben für $\tau_1$ 1 bis 6 ps und für $\tau_2$ 20 bis 40 ps

### K. Pump-Probe-Spektroskopie an 18-Krone-6-Monohydrat

zeitigen Anregung von vier OH-Streckschwingungstypen mit unterschiedlichen Relaxationspfaden liegen. Eine getrennte Untersuchung von energetisch ähnlichen Zuständen wird durch eine schmalbandige Anregung ermöglicht (s. Kapitel 5), und ist hilfreich, um die gezeigten transienten Signale zu interpretieren.

# L. Transiente Signale nach Anregung freier OH-Oszillatoren

Transiente Signale des 18-Krone-6-Monohydrats, aus denen die Spektren in Abbildung 5.12 konstruiert wurden, sind in Abbildung L.1 gezeigt. Die Nummerierung der transienten Signale erfolgt entsprechend der Probefrequenzen bei denen sie aufgenommen wurden und ist identisch mit der Bezeichnung in den transienten Spektren (s. Abb. 5.12).
Die Transiente (5) wurde bei gleicher Pump- und Probefrequenz aufgenommen. Somit gibt ihr Verlauf das zeitlichen Verhalten der Diagonalbande im 2D-IR-Spektrum an. Die Transienten (2) und (4) sind die Nichtdiagonalbanden, welche die Wechselwirkung der Bande I bzw. III mit der Bande der freien OH-Oszillatoren angeben. Daher können aus den transienten Signalen für ein Gleichgewicht die Summe

$$\overline{k} = 0.5 \cdot (k_{\text{Hin}} + k_{\text{Rück}}) \qquad (12.1)$$

der Geschwindigkeitskonstanten[193] für Hin- ($k_{\text{Hin}}$) und Rückreaktion ($k_{\text{Rück}}$) entsprechend Gleichung 5.3 erhalten werden. Werte für $\overline{k}$ sind in Tabelle L.1 angegeben.

| Gleichgewicht zwischen | $\overline{k}$ / ps$^{-1}$ |
|---|---|
| (Bande IV und Bande I)' | 0.3 |
| Bande IV und Bande III | 0.2 |
| Bande II und Bande III | 0.5 |

Tabelle L.1.: Ergebnisse für das Gleichgewicht zwischen verschiedenen 18-Krone-6-Monohydrat Spezies

## L. Transiente Signale nach Anregung freier OH-Oszillatoren

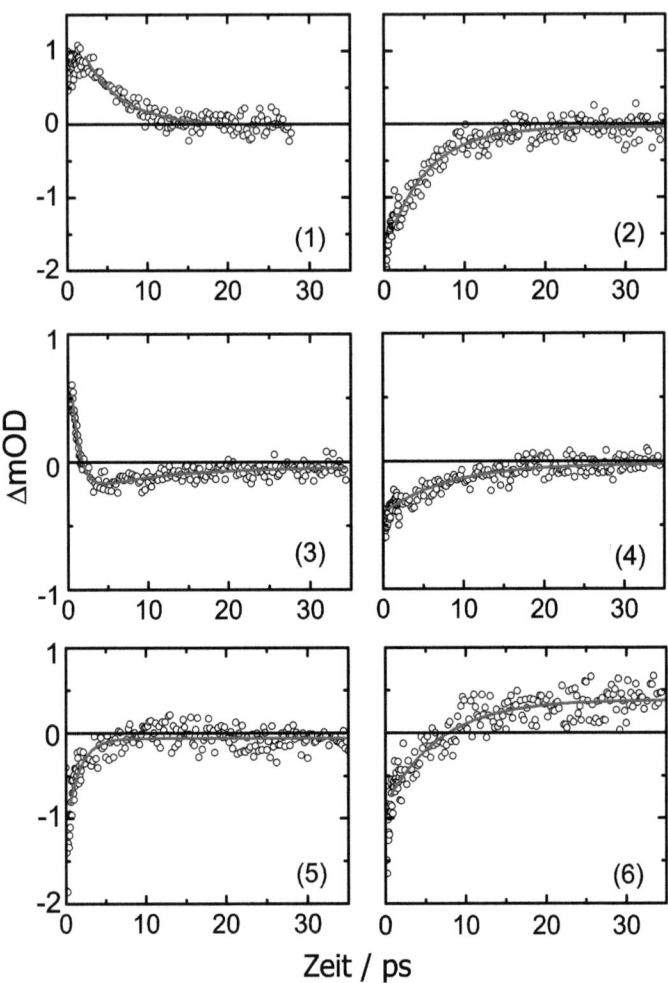

Abbildung L.1.: Transiente Signale von 8 mmol/L $H_2O$ mit 100 mmol/L 18-Krone-6 in $CCl_4$ bei Normalbedingungen, nach Anregung freier OH-Oszillatoren ($3685\,cm^{-1}$); Probefrequenzen: (1) $3315\,cm^{-1}$, (2) $3480\,cm^{-1}$, (3) $3555\,cm^{-1}$, (4) $3610\,cm^{-1}$, (5) $3668\,cm^{-1}$, (6) $3680\,cm^{-1}$.

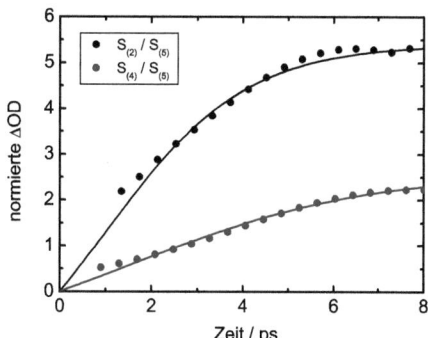

Abbildung L.2.: Chemischer Austausch im 18-Krone-6-Monohydrat II in $CCl_4$ bei 298 K und 1 bar nach Anregung der Bande IV (freier OH-Oszillator): Die zeitabhängige differentielle optische Dichte der Nichtdiagonalbanden $S_{(2)}$ bzw. $S_{(4)}$ wurde auf die $\Delta OD$ der Digonalbande $S_{(5)}$ normiert (Punkte) und eine Funktion entsprechend Gleichung 5.3 angepasst (Linien).

Die Signalverläufe der auf die Diagonalbanden normierten Nichtdiagonalbanden (2) (Bande I) und (4) (Bande III) sind in Abbildung L.2 dargestellt. Die eingezeichneten Linien sind die jeweiligen Anpassungen entsprechend Gleichung 5.3.

# M. Störungstheoretische Beschreibung der Spektroskopie

Eine allgemeine Einführung in die theoretische Behandlung der Spektroskopie ist beispielsweise in [199] und [200] gegeben. Die nachfolgenden Ausführungen beziehen sich auf diese beiden Referenzen.

Das Ziel spektroskopischer Untersuchungen ist die Charakterisierung von Materie durch ihre Wechselwirkung mit elektromagnetischer Strahlung. Aufgrund der Zeitabhängigkeit dieser Wechselwirkung, die auf einem oszillierenden elektromagnetischen Feld beruht, ist die zeitabhängige Schrödingergleichung

$$\frac{\partial}{\partial t}\left|\psi(t)\right\rangle = -\frac{i}{\hbar}\hat{H}(t)\left|\psi(t)\right\rangle \qquad (13.1)$$

zu lösen. In Dirac-Notation wird der Zustandsverktor $\left|\psi(t)\right\rangle$ als *ket* und der Vektor in einem Dualraum $\left\langle\psi(t)\right|$ als *bra* bezeichnet.
Für die Berechnung der Wechselwirkung (Licht-Materie) mit einem störungstheoretischen Ansatz, wird der Hamiltonoperator $\hat{H}_{\text{tot}}$ für das molekulare Gesamtsystem über eine Summe zweier Operatoren

$$\hat{H}_{\text{tot}}(t) = \hat{H}_0(t) + \hat{H}_{\text{int}}(t). \qquad (13.2)$$

genähert. Der Operator $\hat{H}_0(t)$ berücksichtigt Beiträge für System, elektrisches Feld (E-Feld) und Bad. Hierbei umfasst der Begriff „System" die zu untersuchenden Moden im Molekül. Alle Moden, die nicht unmittelbar relevant für die Wechselwirkung im zu untersuchenden System sind, werden als Bad bezeichnet. Dies können beispielsweise kollektive Moden des Lösungsmittels sein. Eine Berücksichtigung der Umgebung ist erforderlich, da sie indirekt

M. Störungstheoretische Beschreibung der Spektroskopie

die zeitliche Entwicklung des Systems beeinflusst. Beispielsweise kann eine Energierelaxation schneller erfolgen aufgrund resonanter Moden im Lösungsmittel.

Die Wechselwirkung zwischen dem untersuchten System und der Strahlung ist im Störoperator $\hat{H}_{int}(t)$ enthalten, der für Pump-Probe-Experimente meist durch einen semi-klassischen Ansatz mit

$$\hat{H}_{int}(t) = \int \hat{P}(r,t) E(r,t) \mathrm{d}r \qquad (13.3)$$

zum Zeitpunkt $t$ am Ort $r$ beschrieben wird. Das elektrische Feld $E(r,t)$ geht klassisch und der Operator der Polarisation $\hat{P}$ quantenmechanisch ein. Es wird über das gesamte makroskopische Volumen in dem die Wechselwirkung stattfindet integriert. Die Polarisation

$$P = P^{(1)} + P^{(2)} + P^{(3)} + \ldots, \qquad (13.4)$$

die durch Wechselwirkung von $n$ E-Feldern im Medium induziert wird, ist durch die Eigenschaften des Mediums bestimmt.[199] Man unterscheidet anhand der Polarisationsordnung zwischen linearen optischen Prozessen, für deren Beschreibung $P^{(1)}$ ausreichend ist, und nichtlinearen Prozessen, deren Phänomene nur durch höhere Ordnungen von $P$ beschrieben werden können.
Es existieren also $n$ wechselwirkende E-Felder, die Wellenvektoren $k_1, k_2 \ldots k_n$ und Frequenzen $\nu_1, \nu_2 \ldots \nu_n$ besitzen. Aus der Wechselwirkung dieser Felder mit dem Medium resultieren kohärente Signale mit $k_s$ und $\nu_s$, die sich aus allen möglichen Summen- und Differenzkombinationen der beteiligten Wellenvektoren zusammensetzen können.

Bei Experimenten in der flüssigen Phase wird ein Molekülensemble untersucht, so dass auftretende Prozesse (z.B. Energierelaxation) von statistischer Natur sind. Die Beschreibung des statistischen Molekülensembles wird durch die Verwendung der zeitabhängigen Dichtematrix

$$\rho(t) = |\psi(t)\rangle \langle \psi(t)| \qquad (13.5)$$

ermöglicht. Auf diese Weise kann der Erwartungswert einer Messgröße $A$ über die Summe der Diagonalelemente $\mathrm{Sp}[A(t)\rho(t)]^*$ der Dichtematrix, auf die $A(t)$ wirkt, erhalten werden:

$$\langle A \rangle = \sum_m \sum_l \langle l | \rho | m \rangle \langle l | A | m \rangle = \sum_{l,m} \langle l | \rho A | m \rangle = \mathrm{Sp}[\rho A]. \quad (13.6)$$

Viele Berechnungen lassen sich im Liouville-Raum einfacher als im Hilbert-Raum formulieren. Beispielsweise erfordern Transformationen, die im Hilbert-Raum zwei Matrixmultiplikationen beinhalten, im Liouville-Raum nur eine Multiplikation einer Matrix mit einem Vektor. Zusätzlich sind einige Probleme bezüglich der mehrdimensionale Spektroskopie nur im Liouville-Raum lösbar.[201]

Die zeitliche Entwicklung der Dichtematrix im Liouville-Raum ist durch die Liouville-von-Neumann-Gleichung

$$\frac{\partial}{\partial t}\rho(t) = -\frac{i}{\hbar}\left[\hat{H}(t),\rho(t)\right] := -\frac{i}{\hbar}\mathcal{L}(t)\rho(t) \quad (13.7)$$

gegeben. Hierbei bezeichnen die eckigen Klammern den Kommutator für $\hat{H}(t)$ und $\rho(t)$. Der zeitabhängige LiouvilleOperator $\mathcal{L}(t)$ kann analog zu Gleichung *13.2* auch störungstheoretisch behandelt werden:

$$\mathcal{L}(t) = \mathcal{L}_0(t) + \mathcal{L}'(t), \quad (13.8)$$

wobei $\mathcal{L}_0$ der ungestörte Liouvilleoperator und $\mathcal{L}'(t)$ der Operator der Störung ist.

Im Wechselwirkungsbild, dass im Folgenden aufgrund seiner Anschaulichkeit verwendet werden soll, ist es üblich, die zeitliche Entwicklung der Systemzustände durch einen Zeitentwicklungsoperator $V(t,t_0)$ darzustellen. Dieser ist das Produkt

$$V(t,t_0) = V_0(t,t_0)V'(t,t_0) \quad (13.9)$$

---

*Sp = Spur

M. Störungstheoretische Beschreibung der Spektroskopie

mit

$$V_0(t,t_0) = \exp_+\left(-\frac{i}{\hbar}\int_{t_0}^{t} d\tau \mathcal{L}_0(\tau)\right), \quad (13.10)$$

$$V'(t,t_0) = \exp_+\left(-\frac{i}{\hbar}\int_{t_0}^{t} d\tau \mathcal{L}'_I(\tau)\right). \quad (13.11)$$

Hierbei ist

$$\mathcal{L}'_I(t) = V_0^\dagger(t,t_0)\mathcal{L}'(t)V_0(t,t_0) \quad (13.12)$$

mit dem adjungierten Operator $V^\dagger(t,t_0)$.

Der Erwartungswert eines zeitabhängigen Operators $\hat{A}$ ist analog zu Gleichung 13.6 im Wechselwirkungsbild

$$\overline{A}(t) = \left\langle \rho(t_0) \left| V'^\dagger(t,t_0)V_0^\dagger(t,t_0)\hat{A}(t)V_0(t,t_0)V'(t,t_0) \right| \rho(t_0) \right\rangle \quad (13.13)$$

$$= \left\langle \rho(t) \left| \hat{A}'(t) \right| \rho(t) \right\rangle \quad (13.14)$$

mit

$$\hat{A}'(t) = V_0^\dagger(t,t_0)\hat{A}(t)V_0(t,t_0), \quad (13.15)$$

$$|\rho(t)\rangle = V'(t,t_0)|\rho(t_0)\rangle. \quad (13.16)$$

Hierbei bezeichnet $\rho(t_0)$ die Dichtematrix zum Zeitpunkt $t_0$, zu dem sich das System im thermischen Gleichgewicht befand.

Der Zeitentwicklungsoperator kann in der so genannten Neumann-Reihe

$$V(t,t_0) = \sum_{n=0}^{\infty} V_n(t,t_0), \quad (13.17)$$

M.1. Theoretische Behandlung der 2D-IR-Spektroskopie

entwickelt werden, wobei die $n$-te Störung durch

$$V_n(t,t_0) = \left(-\frac{i}{\hbar}\right)^n \int_{t_0}^{t} d\tau_n \int_{t_0}^{\tau_n} d\tau_{n-1} \cdots \int_{t_0}^{\tau_2} d\tau_1\, V_0(t,\tau_n)\mathcal{L}'(\tau_n)V_0(\tau_n,\tau_{n-1}) \times \cdots$$
$$\times V_0(\tau_2,\tau_1)\mathcal{L}'(\tau_1)V_0(\tau_1,t_0) \qquad (13.18)$$

gegeben ist.
Diese Beschreibung hat den Vorteil, dass jede $n$-te Wechselwirkung zwischen dem E-Feld und dem System durch einen spezifischen Operator $V_n(t,t_0)$ beschrieben wird. Weiterhin kann nun auch die Dichtematrix $\rho(t)$ in Abhängigkeit von der Anzahl der Wechselwirkungen zwischen dem E-Feld und dem System erhalten werden:

$$\rho(t) = \rho^{(0)}(t) + \rho^{(1)}(t) + \rho^{(2)}(t) + \ldots . \qquad (13.19)$$

Somit kann das System anhand der Dichtematrix zu jedem beliebigen Zeitpunkt charakterisieren werden, sogar zwischen zwei Wechselwirkungen. Diese Möglichkeit ist nicht im störungstheoretischen Ansatz vorhanden, der nur zwischen einem gestörten und einem ungestörten System unterscheidet.

## M.1. Theoretische Behandlung der 2D-IR-Spektroskopie

In dieser Arbeit wurden 2D-IR-Messungen beruhend auf dem Pump-Probe-Prinzip durchgeführt. Hierbei wird das System zwei Pulsen ausgesetzt, dem Pump- und dem Probepuls mit ihren jeweiligen Zentralfrequenzen $\nu_{\text{Pump}}$ und $\nu_{\text{Probe}}$. Beide Pulse sind um ein Zeitintervall $T$ relativ zueinander verzögert. Das gesamte, mit den Molekülen wechselwirkende, elektrische Feld ergibt sich somit in Abhängigkeit von $T$ zu

$$E(r,t) = E_{\text{Pump}}(t+T)e^{i(k_{\text{Pump}}\cdot r - \omega_{\text{Pump}} t)} + E_{\text{Probe}}(t)e^{i(k_{\text{Probe}}\cdot r - \omega_{\text{Probe}} t)} + c.c..^{*} \qquad (13.20)$$

*Es ist $\omega = 2\pi \cdot \nu$ und $c.c.$ bezeichnet den konjugiert komplexen Anteil der E-Felder.

M. Störungstheoretische Beschreibung der Spektroskopie

Für 2D-IR-Messungen wird der Pumppuls im Fabry-Pérot-Etalon in seiner Bandbreite vermindert. Die Bandbreitenverminderung beinhaltet zwei wechselwirkende E-Felder[202], so dass der Pumppuls in der Dipolnäherung* folgendes elektrisches Feld besitzt:

$$E_{\text{Pump}}(t) = E^0_{\text{Pump}} e^{-(t+T)/\tau_{\text{Pump}}} \theta(t + t_{\text{Pump}}) \cos(2\pi \nu_{\text{Pump}} t). \quad (13.21)$$

Hierbei bezeichnet $E^0_{\text{Pump}}$ die Amplitude zur Zeit $T = 0$, $t_{\text{Pump}}$ die Pulsdauer des Pumppulses nach dem Etalon und $\theta(t + t_{\text{Pump}})$ die Stufenfunktion.

Das Einstrahlen des Probepulses ist die dritte Wechselwirkung des Mediums mit einem E-Feld. Unter der Annahme, dass die Pulsdauer des Nachweisstrahls deutlich kürzer als die untersuchten Prozesse im System ist, gilt:

$$E_{\text{Probe}}(t) = E^0_{\text{Probe}} e^{i\nu_{\text{Probe}} 2\pi t} \delta(t). \quad (13.22)$$

Die E-Felder von Pump- und Probepuls müssen die Phasenbedingung[203]

$$\vec{k}_s = \vec{k}_{\text{Pump}} - \vec{k}_{\text{Pump}} + \vec{k}_{\text{Probe}} = \vec{k}_{\text{Probe}} \quad (13.23)$$

erfüllen, damit ein 2D-IR-Signal $S(t_3, t_2, t_1)$ dritter Ordnung gemessen werden kann.

In einem optisch dünnem Medium† ergibt sich der Liouvilleoperator für den Fall der Wechselwirkung mit drei E-Feldern zu

$$\mathcal{L}(t) = \mathcal{L}_0(t) + \mathcal{L}'(t) = \mathcal{L}_0(t) - \hat{\mu}_1 E_1(t) - \hat{\mu}_2 E_2(t) - \hat{\mu}_3 E_3(t). \quad (13.24)$$

Die Größe $\hat{\mu}_n$ bezeichnet den Dipoloperator der $n$-ten Wechselwirkung.

---

*In der Dipolnäherung wird davon ausgegangen, dass die Wellenlänge des Lichts wesentlich größer als die Ausdehnung eines Moleküls ist, so dass das elektrische Feld am Ort des Moleküls $R$ entwickelt werden kann: $E(r,t) \sim E(R,t) = E(t)$.
†Für ein optisches dünnes Medium kann die Annahme $\mathcal{L}(t) = \hat{\mu} E(t)$ gemacht werden.

## M.1. Theoretische Behandlung der 2D-IR-Spektroskopie

Unter Verwendung der Gleichungen *13.13* und *13.18* ist der Erwartungswert von $A$ zum Zeitpunkt $t$ mit:

$$\overline{A}(t) = \left(\frac{i}{\hbar}\right)^3 \int_{t_0}^{t} d\tau_3 \int_{t_0}^{\tau_3} d\tau_2 \int_{t_0}^{\tau_2} d\tau_1 \, \langle [[[A(t),\mu_3(\tau_3)],\mu_2(\tau_2)] \, \mu_1(\tau_1)] \, \rho(t_0) \rangle$$
$$\times E_3(\tau_3) E_2(\tau_2) E_1(\tau_1) \qquad (13.25)$$

gegeben. In dem Fall der 2D-IR-Spektroskopie ist $\hat{A} = \mu$ und der Erwartungswert von $\mu$ die Polarisation $P$.

Wird der Zeitpunkt $t_n$ der Einstrahlung des $n$-ten Feldes berücksichtigt, ändern sich die Integrationsvariablen zu:

$$\tau_3 = t - t_3$$
$$\tau_2 = t - t_3 - t_2 \qquad (13.26)$$
$$\tau_1 = t - t_3 - t_2 - t_1.$$

Mit $t_0 = -\infty$ ergibt sich

$$\overline{P}(t) = \int_0^\infty dt_2 \int_0^\infty dt_1 \int_0^\infty dt_1 S_{\mu\mu_3\mu_2\mu_1}(t_3,t_2,t_1) E_3(t - t_3)$$
$$E_2(t - t_3 - t_2) E_1(t - t_3 - t_2 - t_1) \qquad (13.27)$$

mit der Antwortfunktion dritter Ordnung[*]

$$S_{\mu\mu_3\mu_2\mu_1}(t_3,t_2,t_1) = \left(\frac{i}{\hbar}\right)^3 \theta(t_3)\theta(t_2)\theta(t_1)$$
$$\langle [[[\mu(t_3 + t_2 + t_1),\mu_3(t_2 + t_1)],\mu_2(t_1)] \, \mu_1(0)] \, \rho(-\infty) \rangle. \qquad (13.28)$$

---

[*]Nach dem Kausalitätsprinzip kann nur eine molekulare Antwort nach dem Einstrahlen der Pulse stattfinden, so dass vor $t = 0$ die Funktion $S_{\mu\mu_3\mu_2\mu_1}(t_3,t_2,t_1) = 0$ sein muss. Dies wird durch die Verwendung der Stufenfunktion $\theta(t)$ erreicht.

M. Störungstheoretische Beschreibung der Spektroskopie

## M.2. Berücksichtigung der Umgebung

Um allgemein die Wechselwirkung eines E-Feldes mit Materie zu beschreiben, müssen sowohl das untersuchte System, das Bad und die Wechselwirkungen zwischen Bad und System (SB) im Hamiltonoperator berücksichtigt werden:

$$\hat{H} = \hat{H}_{\text{System}} + \hat{H}_{\text{Bad}} + \hat{H}_{\text{SB}}. \qquad (13.29)$$

Das untersuchte System beinhaltet die Zustände, die direkt von der Wechselwirkung mit einem E-Feld betroffen sind, wie beispielsweise der Grundzustand $g$ und der erste angeregte Zustand $e$ der OH-Streckschwingung. Im Folgenden wird sich auf ein System beschränkt, in dem nur diese beiden Zustände eine Rolle spielen.*

In einem 2D-IR-Experiment erfolgt eine Wechselwirkung des Systems mit drei E-Feldern. Daraus ergeben sich vier verschiedene Möglichkeiten, aus denen eine molekulare Antwort resultiert. Diese sind in Abbildung M.1 in einer vereinfachten Version der Feyman-Diagramme nach Cho[200] dargestellt. Befindet sich das System wie gezeigt vor der Wechselwirkung mit den Feldern im Grundzustand $|g\rangle \langle g|$, so ist die Antwortfunktion dritter Ordnung durch

$$S_{\mu\mu_3\mu_2\mu_1}(t_3,t_2,t_1) = \left(\frac{i}{\hbar}\right)^3 \theta(t_3)\theta(t_2)\theta(t_1) \sum_{\alpha=1}^{4} [R_\alpha(t_3,t_2,t_1) - R_\alpha^*(t_3,t_2,t_1)] \qquad (13.30)$$

---

*Zur Interpretation der Ergebnisse des 18-Krone-6-Monohydrats ist eine Beschreibung mit den Zuständen $g$ und $e$ zunächst ausreichend.

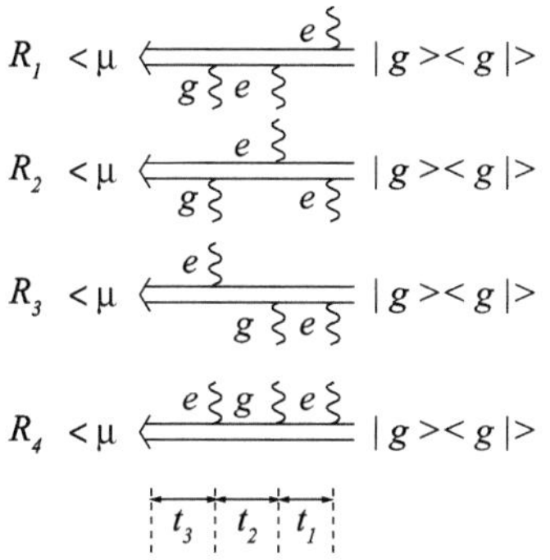

M.2. Berücksichtigung der Umgebung

$$R_1 \;<\mu\; \xleftarrow[g\;\wr\; e\;\wr]{e\;\wr}\; |g><g|>$$

$$R_2 \;<\mu\; \xleftarrow[g\;\wr\quad\; e\;\wr]{e\;\wr}\; |g><g|>$$

$$R_3 \;<\mu\; \xleftarrow[g\;\wr\; e\;\wr]{e\;\wr}\; |g><g|>$$

$$R_4 \;<\mu\; \xleftarrow[\;]{e\;\wr\; g\;\wr\; e\;\wr}\; |g><g|>$$

$$\overset{}{t_3\;\;t_2\;\;t_1}$$

Abbildung M.1.: Variierte Feyman-Diagramme nach Cho[200]: Darstellung der Wechselwirkung zwischen System und elektrischem Feld. Die zeitliche Entwicklung des Dichteoperators wird durch den Pfeil angegeben. Die obere Linie beschreibt dabei den $ket$- und die untere Linie den $bra$-Zustand. Der Ausgangszustand steht rechts und ist in allen Fällen $|g\rangle\langle g|$. Die Observable $\mu$ steht links. Die Wechselwirkung zwischen System und Feld zum Zeitpunkt $t_1$, $t_2$ bzw. $t_3$ geben die Schlangenlinien an. Der Buchstabe $g$ oder $e$ gibt an in welchen Zustand $bra$ (wenn die Schlangenlinie unten ist) oder $ket$ (Schlangenlinie oben) wechselt. Erfolgt eine Änderung von $g$ nach $e$, muss der Dipoloperator $\mu_{ge}$ gewirkt haben. $R_1$ und $R_4$ sind hierbei die 'nonrephasing' Pfade und $R_2$, $R_3$ entsprechend die 'phasing'. Als 'phasing' bezeichnet man die Pfade, in denen während $t_1$ und $t_3$ der selbe kohärente Zustand $|e\rangle\langle g|$ besetzt ist. Die stimulierte Emission wird durch $R_1$ und $R_2$ beschrieben, da sich nach der zweiten Wechselwirkung für diese Terme $|e\rangle\langle e|$ ergibt. Das Grundzustandsausbleichen ist in $R_3$ und $R_4$ enthalten. Hier ist während $t_2$ $|g\rangle\langle g|$ besetzt.

## M. Störungstheoretische Beschreibung der Spektroskopie

gegeben. Hierbei ergibt sich die Stufenfunktion $\theta$ aus der Berücksichtigung des Kausalitätsprinzips. Die verschiedenen Möglichkeiten für $R_n$ resultieren aus $2^n = 8$ Permutation. Diese sind

$$R_1(t_3 t_2 t_1) = [\mu_2]_{ge}[\mu_3]_{eg}[\mu]_{ge}[\mu_1]_{eg}\exp(-i\bar{\nu}_{eg}t_3 - i\bar{\nu}_{eg}t_1)F(t_3,t_2,t_1) \qquad (13.31)$$

$$R_2(t_3 t_2 t_1) = [\mu_1]_{ge}[\mu_3]_{eg}[\mu]_{ge}[\mu_2]_{eg}\exp(-i\bar{\nu}_{eg}t_3 + i\bar{\nu}_{eg}t_1)F(t_3,t_2,t_1) \qquad (13.32)$$

$$R_3(t_3 t_2 t_1) = [\mu_1]_{ge}[\mu_2]_{eg}[\mu]_{ge}[\mu_3]_{eg}\exp(-i\bar{\nu}_{eg}t_3 + i\bar{\nu}_{eg}t_1)F(t_3,t_2,t_1) \qquad (13.33)$$

$$R_4(t_3 t_2 t_1) = [\mu]_{ge}[\mu_3]_{eg}[\mu_2]_{ge}[\mu_1]_{eg}\exp(-i\bar{\nu}_{eg}t_3 - i\bar{\nu}_{eg}t_1)F(t_3,t_2,t_1) \qquad (13.34)$$

und ihre jeweils konjungiert komplexen Funktionen.[200] Die Dipol-Übergangsmatrixelemente werden in eckigen Klammern angegeben und sind analog $[\mu]_{ge} = \langle g \mid \mu \mid e \rangle$ definiert. Die $R_n(t_3 t_2 t_1)$-Funktionen enthalten drei Beiträge. Der erste Teil ist das Produkt aus der Observablen $\mu$ mit den drei Übergangsdipolmomenten $\mu_{ge}$ bzw. $\mu_{eg}$, welche die Stärke der Übergänge widerspiegeln. Die komplexen Exponentialfunktionen beschreiben die kohärente Oszillation der Nichtdiagonalelemente $|g\rangle\langle e|$ mit der Frequenz $\bar{\nu}_{eg}$ während $t_1$ und $t_3$.[*] Der letzte Beitrag $F(t_3,t_2,t_1)$ zu $R_n(t_3,t_2,t_1)$ ist durch eine komplexe Funktion gegeben. Sie klingt mit der Zeit ab und charakterisiert die Linienbreite des Spektrums. Dieser Beitrag ist in der Antwortfunktion enthalten, da die Wechselwirkungen des Systems mit dem Bad berücksichtigt wurden. Die Funktionen $F(t_3,t_2,t_1)$ sind nicht analytisch lösbar und werden daher genähert.

Die meisten Näherungen für $F(t_3,t_2,t_1)$ basieren auf einer gaußförmigen Verteilung der spektralen Bande.[190,204,205] Je nachdem welcher Prozess der Linienverbreiterung zugrunde liegt, existieren unterschiedliche Möglichkeiten. Diese sind beispielsweise in [200] aufgeführt.[†]

---

[*]Während $t_2$ findet keine kohärente Oszillation statt, da $|g\rangle\langle g|$ oder $|e\rangle\langle e|$ besetzt sind. Denn von Kohärenz wird gesprochen, wenn Nichtdiagonalzustände $|g\rangle\langle e|$ oder $|e\rangle\langle g|$ populiert sind.
[†]Beispielsweise bietet es sich an $F(t_3,t_2,t_1)$ in einer Taylor-Reihe zu entwickeln, wenn spektrale Diffusion vorhanden ist. Häufig wird für das Bad ein Ensemble harmonischer Oszillatoren angenommen, die linear mit dem System koppeln.[206] Die Badkorrelationsfunktion nach Redfield ist z.B. $G(\tau) = \text{Sp}\{\rho_B(0)F(t)F(t-\tau)\}$ mit dem Operator $F$ und der Dichtematrix $\rho_B$ des Bades.

## M.3. Beschreibung des chemischen Austauschs

Im Fall eines chemischen Austauschs zweier Spezies $A$ und $B$ entsprechend der Reaktionsgleichung

$$A \underset{k_{BA}}{\overset{k_{AB}}{\rightleftarrows}} B, \qquad (13.35)$$

liegen zwei molekulare Systeme $A$ und $B$ vor, die zum Zeitpunkt $T$ populiert sein können. Nach Anregung der Spezies $A$ mit einem Laserpuls liegen zum Zeitpunkt $T$ die Spezies $A$ mit der Wahrscheinlichkeit $P_{AA}(T)$ und $B$ mit $P_{AB}(T)$ vor. Aus einer kinetischen Analyse der Reaktion folgt[193]

$$P_{AA}(T) = \frac{k_{AB}}{2\bar{k}} e^{-T/T_1} \left( \frac{1}{K_{eq}} + e^{-2\bar{k}T} \right) \qquad (13.36)$$

$$P_{AB}(T) = \frac{k_{AB}}{2\bar{k}} e^{-T/T_1} \left( 1 - e^{-2\bar{k}T} \right) \qquad (13.37)$$

mit[195]

$$T_1 = \frac{2}{k_{AB} + k_{BA} - k_A + k_B}. \qquad (13.38)$$

Es wurden die Energierelaxationsgeschwindigkeiten $k_A$ und $k_B$ entsprechend

$$\overset{k_A}{\longleftarrow} A \underset{k_{BA}}{\overset{k_{AB}}{\rightleftarrows}} B \overset{k_B}{\longrightarrow} \qquad (13.39)$$

berücksichtigt.[193]

Die Wahrscheinlichkeiten $P$ sind im Antwortsignal der Gleichung 13.30 zu berücksichtigen. Das Diagonalsignal* von $A$ setzt sich nun aus folgenden Anteilen zusammen:

$$S_{AA} = R_{AA} P_{AA}(T) N_A^{eq}. \qquad (13.40)$$

---
*Die Spezies $A$ wird angeregt und der Probestrahl weist ebenfalls $A$ nach, d.h. $\nu_{\text{Pump}} = \nu_{\text{Probe}}$.

M. Störungstheoretische Beschreibung der Spektroskopie

Hierbei ist die Anzahl der Teilchen der Spezies $A$ im Gleichgewicht $N_A^{\text{eq}}$. Analog ist das Nichtdiagonalsignal* nach Anregung der Spezies $A$

$$S_{AB} = R_{AB} P_{AB}(T) N_A^{\text{eq}}. \qquad (13.41)$$

Die Größe $R$ setzt sich den Gleichungen *13.31* bis *13.34* entsprechend aus mehreren Teilen zusammen. Die Funktion zur Beschreibung der Linienenbreite $F(t)$ wird von Kim et al.[193] mit

$$\ln F_\pm(\tau_3,\tau_2,\tau_1) = - g_{AA}(\tau_1) \pm g_{AB}(\tau_2) - g_{BB}(\tau_3) \mp g_{AB}(\tau_1 + \tau_2)$$
$$\mp g_{AB}(\tau_2 + \tau_3) \pm g_{AB}(\tau_1 + \tau_2 + \tau_3) \qquad (13.42)$$

und

$$g_{AB}(t) = \int_0^t \mathrm{d}t_A \int_0^t \mathrm{d}t_B \, \langle \delta\nu_{01}^A(t_A) \cdot \delta\nu_{01}^B(t_B) \rangle \qquad (13.43)$$

angenommen.† Die zeitabhängige Übergangsfrequenz der Spezies $A$ vom Grundzustand in den angeregten Zustand ist $\nu_{01}^A(t_A)$ und der entsprechende Übergang von $B$ besitzt eine Frequenz von $\nu_{01}^B(t_B)$.
Der Mittelwert $\langle \delta\nu_{01}^A(t_A) \cdot \delta\nu_{01}^B(t_B) \rangle$ wird meist als Zeitkorrelationsfunktion zwischen den Frequenzen $\nu^A$ und $\nu^B$ bezeichnet. Er gibt die Fluktuation der Frequenzen an, die durch spektrale Diffusion oder andere Einflüsse der Badmoden auftreten können. Diese Funktion ist zudem eine gute Möglichkeit, um 2D-IR-Experimente mithilfe von MD-Rechnungen zu simulieren. Analog kann auch die Funktion $g_{AA}(t)$ mit $\langle \delta\nu_{01}^A(0) \cdot \delta\nu_{01}^A(t) \rangle$ berechnet werden. Diese beschreibt eine zum Zeitpunkt Null angeregte Frequenz in ihrer zeitlichen Entwicklung.

---

*Die Spezies $A$ wird angeregt und der Probestrahl weist die Spezies $B$ nach, d.h. $\nu_{\text{Pump}} \neq \nu_{\text{Probe}}$.
†Die Bezeichnung der Zeitintervallvariablen $\tau$ und den Zeitpunkten $t$ ist in Gleichung *13.26* zu finden.

## M.3. Beschreibung des chemischen Austauschs

Kim et al.[193] nehmen an, dass keine spektrale Diffusion zwischen zwei Frequenzen stattfindet, wenn bereits chemischer Austausch zwischen ihnen auftritt. Die Frequenzfluktuationen sind damit unabhängig voneinander berechenbar. Die Antwortfunktionen ergeben sich zu

$$S_{AA} = \mu_A^4 R_{AA} P_{AA}(T) N_A^{\text{eq}} \qquad (13.44)$$

$$S_{AB} = \mu_A^2 \mu_B^2 R_{AB} P_{AB}(T) N_A^{\text{eq}} \qquad (13.45)$$

und sind explizit in [195] angegeben. Aus dem Verhältnis

$$\frac{S_{AB}(t)}{S_{AA}(t)} = \frac{\mu_B^2 \left(1 - e^{-2\overline{k}T}\right)}{\mu_A^2 \left(\frac{1}{K_{\text{eq}}} + e^{-2\overline{k}T}\right)} \qquad (13.46)$$

beziehungsweise

$$\frac{S_{BA}(t)}{S_{BB}(t)} = \frac{\mu_A^2 \left(1 - e^{-2\overline{k}T}\right)}{\mu_B^2 \left(K_{\text{eq}} + e^{-2\overline{k}T}\right)} \qquad (13.47)$$

kann unter Kenntnis der Gleichgewichtskonstanten $K_{eq}$ die Geschwindigkeitskonstante $\overline{k} = 0.5 \cdot (k_{AB} + k_{BA})$ erhalten werden.

# Verwendete Abkürzungen

| | |
|---|---|
| Abb. | Abbildung |
| Ac | Acetyl |
| anti-Diol | ($2S,3S,4R,5R$)-1-Phenoxy-2,4-dimethylheptan-3,5-diol |
| anti-Hexol | ($2S,3S,4R,5R,6S,7S,8R,9R,10S,11S,12R,13R$)-1-Phenoxy-2,4,6,8,10,12-hexamethylpentadecan-3,5,7,9,11,13-hexol |
| anti-Tetrol | ($2S,3S,4R,5R,6S,7S,8R,9R$)-1-Phenoxy-2,4,6,8-tetramethylundecan-3,5,7,9-tetrol |
| BBO | β-Bariumborat (β-$BaB_2O_4$) |
| $CDCl_3$ | deuteriertes Chloroform |
| $CCl_4$ | Tetrachlorkohlenstoff |
| DFG | Differenzfrequenz-Erzeugung (*engl.*: difference frequency generation) |
| DFT | Dichtefunktionaltheorie |
| EtOH | Ethanol |
| FSR | freier Spektralbereich (*engl.*: free spectral range) |
| FTIR-Spektroskopie | Fourier-Transformierte Infrarot-Absorptionsspektroskopie |

Verwendete Abkürzungen

| | |
|---|---|
| FWHM | Breite bei halber Amplitudenhöhe (*engl.*: Full Width at Half Maximum) |
| Ge | Germanium |
| H-Brücken | Wasserstoffbrücken |
| He:Ne | Helium-Neon |
| IR | infrarot |
| IUPAC | International Union of Pure and Applied Chemistry |
| IVR | intramolekulare Schwingungsenergieumverteilung (*engl.*: intramolecular vibrational redistribution) |
| 18-Krone-6 | 1,4,7,10,13,16-Hexaoxacyclooctadecan ($C_{12}H_{24}O_6$) |
| LASER | *engl.*: Light Amplification by Stimulated Emission of Radiation |
| LS-Potential | Lippincott-Schröder-Potential |
| MCT | Quecksilber-Cadmium-Tellurid (*engl.*: mercury cadmium telluride) |
| MD-Simulation | Moleküldynamische Simulation (*engl.*: Molecular Dynamics Simulation) |
| Me | Methyl |
| NMR | Kernspinresonanzspektroskopie (*engl.*: nuclear magnetic resonance) |
| OPA | optisch-parametrischer Verstärker (*engl.*: optical parametric amplifier) |
| Pinakol | 2,3-Dimethyl-2,3-butandiol ($C_6H_{14}O_2$) |
| Ref. | Referenz |

| | |
|---|---|
| syn-Diol | (2$S$,3$R$,4$R$,5$R$)-1-Phenoxy-2,4-dimethylheptan-3,5-diol |
| syn-Hexol | (2$S$,3$R$,4$R$,5$R$,6$S$,7$R$,8$R$,9$R$,10$S$,11$R$,12$R$,13$R$)-1-Phenoxy-2,4,6,8,10,12-hexamethylpentadecan-3,5,7,9,11,13-hexol |
| syn-Tetrol | (2$S$,3$R$,4$R$,5$R$,6$S$,7$R$,8$R$,9$R$)-1-Phenoxy-2,4,6,8-tetramethylundecan-3,5,7,9-tetrol |
| ÜZ | Übergangszustand |
| VET | Schwingungsenergieübertragung (*engl.*: vibrational energy transfer) |
| VER | Schwingungsenergierelaxation (*engl.*: vibrational energy relaxation) |
| vgl. | vergleiche |
| w.E. | willkürliche Einheiten |
| WW | Wechselwirkungen |

# Abbildungsverzeichnis

| | | |
|---|---|---|
| 1.1. | Struktur eines Polyols | 4 |
| 1.2. | Zweifach verbrücktes Wasser auf 18-Krone-6 | 4 |
| 2.1. | OH-Schwingungsfrequenz in Abhängigkeit vom OO-Abstand | 9 |
| 2.2. | Potential des harmonischen Oszillators | 11 |
| 2.3. | Morse Potential | 12 |
| 2.4. | Lippincott-Schröder Potential | 14 |
| 2.5. | Potentiale für verschiedene H-Brückenstärken | 15 |
| 2.6. | Dipolmoment von Wasser | 18 |
| 2.7. | Absorptionsspektrum von Wasser | 21 |
| 2.8. | Absorptionsfrequenz von OH bei verschiedenen H-Brückenbindungen | 23 |
| 2.9. | Prinzip der Pump-Probe Spektroskopie | 25 |
| 2.10. | Entstehung transienter Spektren | 26 |
| 2.11. | Transiente Spektren für mehratomige Moleküle | 28 |
| 2.12. | Prinzip der 2D-IR-Spektroskopie | 31 |
| 2.13. | Absorptionsspektrum von PhOD in Benzol | 32 |
| 2.14. | Chemischer Austausch im 2D-IR-Experiment | 33 |
| 2.15. | Spektrale Diffusion im 2D-IR-Experiment | 34 |
| 3.1. | Aufbau des Pump-Probe-Experiments | 44 |
| 3.2. | Zeitauflösung des Pump-Probe-Experiments | 46 |
| 3.3. | Aufbau des optisch parametrischen Verstärkers | 47 |
| 3.4. | Spektren des Probestrahls | 49 |
| 3.5. | Aufbau des 2D-IR-Experiments | 50 |
| 3.6. | Darstellung des Etalons | 51 |

Abbildungsverzeichnis

3.7. Pumpspektrum vor und nach dem Etalon . . . . . . . . . . . . . . . . . . 51
3.8. Interferenz des He:Ne-Lasers . . . . . . . . . . . . . . . . . . . . . . . . 53
3.9. Zeitverlauf von Pump- und Probepuls im 2D-IR-Experiment . . . . . . . . 56
3.10. Synthese der syn-Polyole . . . . . . . . . . . . . . . . . . . . . . . . . . 60
3.11. Synthese der anti-Polyole . . . . . . . . . . . . . . . . . . . . . . . . . . 61
3.12. Verdünnungsreihe der Polyole . . . . . . . . . . . . . . . . . . . . . . . 62
3.13. Verdünnungsreihe von 18-Krone-6-Monohydrat . . . . . . . . . . . . . . 63

4.1. Konformationen des Pinakols . . . . . . . . . . . . . . . . . . . . . . . . 65
4.2. Absorptionsspektrum von Pinakol in $CDCl_3$ . . . . . . . . . . . . . . . . 66
4.4. Absorptionsspektrum von EtOH in $CCl_4$ . . . . . . . . . . . . . . . . . . 67
4.3. Struktur der EtOH-Oligomere . . . . . . . . . . . . . . . . . . . . . . . . 67
4.5. Konformationen der Polyole . . . . . . . . . . . . . . . . . . . . . . . . 69
4.6. syn-Tetrol, optimierte Struktur . . . . . . . . . . . . . . . . . . . . . . . 70
4.7. anti-Tetrol, optimierte Struktur . . . . . . . . . . . . . . . . . . . . . . . 71
4.8. Berechnete Schwingungsspektren von syn- und anti-Tetrol . . . . . . . . . 72
4.9. Normalmoden des syn-Tetrols . . . . . . . . . . . . . . . . . . . . . . . 74
4.10. Vergleich der normierten Absorptionsspektren der Polyole . . . . . . . . . 75
4.11. Absorptionsspektren der syn-Polyole in $CCl_4$ . . . . . . . . . . . . . . . . 77
4.12. Temperaturabhängigkeit der Absorptionsspektren der syn-Polyole . . . . . 78
4.13. Temperaturabhängigkeit der Absorptionsspektren der anti-Polyole . . . . . 78
4.14. Thermische Differenzspektren des syn-Tetrols . . . . . . . . . . . . . . . 79
4.15. Thermische Differenzspektren des anti-Tetrols . . . . . . . . . . . . . . . 79
4.16. Dynamische Simulation von H-Brückenlängen in Polyolen . . . . . . . . . 82
4.17. H-Brückenlängenverteilung für syn- und anti-Tetrol . . . . . . . . . . . . 83
4.18. Transiente Spektren des anti-Diols . . . . . . . . . . . . . . . . . . . . . 86
4.19. Transiente Spektren des anti-Tetrols I . . . . . . . . . . . . . . . . . . . 86
4.20. Transiente Spektren des anti-Tetrols II . . . . . . . . . . . . . . . . . . . 86
4.21. Transiente Spektren des anti-Hexols . . . . . . . . . . . . . . . . . . . . 86
4.22. Transiente Spektren des syn-Diols . . . . . . . . . . . . . . . . . . . . . 87
4.23. Transiente Spektren des syn-Tetrols . . . . . . . . . . . . . . . . . . . . 87
4.24. Transiente Spektren des syn-Hexols . . . . . . . . . . . . . . . . . . . . 87

Abbildungsverzeichnis

4.25. Vergleich der Dynamik von syn-Polyolen I . . . . . . . . . . . . . . . . . . 88
4.26. Vergleich der Dynamik von syn-Polyolen II . . . . . . . . . . . . . . . . . 88
4.27. Termschema der syn-Polyole . . . . . . . . . . . . . . . . . . . . . . . . . 91
4.28. Absorptionskoeffizienten des syn-Diols . . . . . . . . . . . . . . . . . . . 93
4.29. Absorptionskoeffizienten des syn-Tetrols . . . . . . . . . . . . . . . . . . 93
4.30. Absorptionskoeffizienten des syn-Hexols . . . . . . . . . . . . . . . . . . 93
4.31. Termschema der anti-Polyole . . . . . . . . . . . . . . . . . . . . . . . . . 97
4.32. Absorptionskoeffizienten des anti-Diols . . . . . . . . . . . . . . . . . . . 99
4.33. Absorptionskoeffizienten des anti-Tetrols I . . . . . . . . . . . . . . . . . 99
4.34. Absorptionskoeffizienten des anti-Hexols . . . . . . . . . . . . . . . . . . 101
4.35. Absorptionskoeffizienten des anti-Tetrols II . . . . . . . . . . . . . . . . . 102

5.1. Bindungsmotive von $H_2O$ an 18-Krone-6 . . . . . . . . . . . . . . . . . . 105
5.2. Konformationen von 18-Krone-6 . . . . . . . . . . . . . . . . . . . . . . . 107
5.3. Absorptionsspektrum $H_2O$/18-Krone-6 . . . . . . . . . . . . . . . . . . . 108
5.4. 2D-IR-Spektrum von $H_2O$/18-Krone-6 (1 ps) . . . . . . . . . . . . . . . . 110
5.5. 2D-Spektrum von 18-Krone-6-Monohydrat, 0.8 ps . . . . . . . . . . . . . 111
5.6. 2D-Spektrum von 18-Krone-6-Monohydrat, 1.5 ps . . . . . . . . . . . . . 111
5.7. 2D-Spektrum von 18-Krone-6-Monohydrat, 2.5 ps . . . . . . . . . . . . . 111
5.8. 2D-Spektrum von 18-Krone-6-Monohydrat, 5 ps . . . . . . . . . . . . . . 111
5.9. Chemischer Austausch im 18-Krone-6-Monohydrat I . . . . . . . . . . . . 114
5.10. Temperaturabhängige Spektren von 18-Krone-6-Monohydrat . . . . . . . . 115
5.11. Temperaturabhängigkeit der Gleichgewichtskonstante . . . . . . . . . . . 116
5.12. Transiente Spektren nach Anregung des freien OH-Oszillators . . . . . . . 118
5.13. Energieoptimierte Konformationen des 18-Krone-6-Monohydrats . . . . . 120
5.14. Schwingungsfrequenzen von 18-Krone-6/$H_2O$ aus DFT-Rechnungen . . . 121

C.1. Aufbau des optisch parametrischen Verstärkers . . . . . . . . . . . . . . . 132
C.2. Seitenansicht auf den BBO des OPAs . . . . . . . . . . . . . . . . . . . . 133

E.1. Verdünnungsreihe syn-Diol . . . . . . . . . . . . . . . . . . . . . . . . . . 137
E.2. Verdünnungsreihe syn-Tetrol . . . . . . . . . . . . . . . . . . . . . . . . . 137
E.3. Verdünnungsreihe anti-Diol . . . . . . . . . . . . . . . . . . . . . . . . . . 137

Abbildungsverzeichnis

E.4. Temperaturabhängigkeit der Absorptionsspektren des syn-Diols ...... 138
E.5. Temperaturabhängigkeit der Absorptionsspektren des syn-Hexols ..... 138
E.6. Temperaturabhängigkeit der Absorptionsspektren des anti-Diols ...... 138
E.7. Temperaturabhängigkeit der Absorptionsspektren des anti-Hexols ..... 138

F.1. Transiente Signale des anti-Diols ........................ 139
F.2. Transiente Signale des anti-Tetrols I ..................... 140
F.3. Transiente Signale des anti-Tetrols II .................... 140
F.4. Transiente Signale des anti-Hexols ...................... 141
F.5. Transiente Signale des syn-Diols ........................ 141
F.6. Transiente Signale des syn-Tetrols ...................... 142
F.7. Transiente Signale des syn-Hexols ...................... 142

G.1. Anharmonizität in transienten Spektren ................... 144

J.1. Verdünnungsreihe von 18-Krone-6-Monohydrat ............... 157

K.1. Transiente Spektren von 18-Krone-6-Monohydrat .............. 160
K.2. Transiente Signale von 18-Krone-6-Monohydrat ............... 161

L.1. Transiente Signale nach Anregung des freien OH-Oszillators ........ 164
L.2. Chemischer Austausch im 18-Krone-6-Monohydrat II ............ 165

M.1. Darstellung von 2D-IR-Spektroskopie nach Cho ............... 175

5.2. Struktur der Polyole ............................... 205
5.3. Struktur des 18-Krone-6-Monohydrats ..................... 206

# Tabellenverzeichnis

| | | |
|---|---|---|
| 3.1. | Verwendete Chemikalien | 58 |
| 4.1. | Ergebnisse für Polyole aus Absorptionsspektren | 76 |
| 4.2. | Probefrequenzen der transienten Signale der Polyole | 85 |
| 4.3. | Ergebnisse der syn-Polyole | 90 |
| 4.4. | Ergebnisse der anti-Polyole | 96 |
| 5.1. | Gleichgewichtsbedingungen von 18-Krone-6-Monohydrat | 117 |
| L.1. | Geschwindigkeitskonstanten für 18-Krone-6/$H_2O$ im Gleichgewicht | 163 |

# Literaturverzeichnis

[1] A. Novak, *Struct. Bonding*, 1974, **18**, 177.

[2] P. Schuster und G. Zundel, *The Hydrogen Bond Theory*, North-Holland Amsterdam, 1976.

[3] S. J. Grabowski (Hg.), *Hydrogen Bonding – New Insights*, Bd. 3, Springer, Amsterdam, 2006.

[4] G. C. Pimentel und A. L. McClellan, *The Hydrogen Bond*, W. H. Freeman, San Francisco, 1960.

[5] F. Franks (Hg.), *The Physics and Physical Chemistry of Water*, Bd. 1-3, Plenum, New York, 1972.

[6] H.-J. Böhm und G. Schneider (Hg.), *Protein-Ligand Interactions*, Wiley-VCH Verlag, 2005.

[7] J. M. Berg, J. L. Tymoczko und L. Stryer, *Biochemie*, 5. Aufl., Spektrum Akademischer Verlag, Heidelberg – Berlin, 2003.

[8] H. R. Horton, L. A. Moran, K. G. Scrimgeour, M. D. Perry und J. D. Rawn, *Biochemie*, 4. Aufl., Person Education Deutschland GmbH, München, 2008.

[9] M. Schartl, M. Gessler und A. von Eckardstein, *Biochemie und Molekularbiologie des Menschen*, 1. Aufl., Elsevier, 2009.

[10] T. Elsaesser und H. Bakker (Hg.), *Ultrafast hydrogen bonding dynamics and proton-transfer processes in the condensed phase*, Kluwer Dordrecht, Netherlands, 2002.

[11] J. Seehusen, D. Schwarzer, J. Lindner und P. Vöhringer, *Phys. Chem. Chem. Phys.*, 2009, **11**, 8484.

[12] R. E. Rundle und M. Parasol, *J. Chem. Phys.*, 1952, **20**, 1487.

[13] R. C. Lord und R. E. Merrifield, *J. Chem. Phys.*, 1953, **21**, 166.

[14] T. Steiner, *Angew. Chem.*, 2002, **114**, 50.

[15] P. Schuster und W. Mikenda, *Hydrogen Bond Research*, Springer Verlag, Wien, 1999.

[16] K. Winkler, J. Lindner und P. Vöhringer, *Phys. Chem. Chem. Phys.*, 2002, **4**, 2144.

[17] J. Stenger, D. Madsen, P. Hamm, E. T. J. Nibbering und T. Elsaesser, *Phys. Rev. Lett.*, 2001, **87**(2), 027401–1.

[18] T. Steinel, J. B. Asbury, S. A. Corcelli, C. P. Lawrence, J. L. Skinner und M. D. Fayer, *Chem. Phys. Lett*, 2004, **386**, 295.

[19] J. Lindner, P. Vöhringer, M. S. Pshenichnikov, D. Cringus, D. A. Wiersma und M. Mostovoy, *Chem. Phys. Lett.*, 2006, **421**, 329.

[20] A. J. Lock, S. Woutersen und H. J. Bakker, *J. Phys. Chem. A*, 2001, **105**(8), 1238.

[21] M. F. Kropman, H. K. Nienhuys, S. Woutersen und H. J. Bakker, *J. Phys. Chem. A*, 2001, **105**(19), 4622.

[22] H. Graener und G. Seifert, *J. Chem. Phys*, 1993, **98**(1), 36.

[23] C. J. Fecko, J. d. Eaves, J. J. Loparo, A. Tokmakoff und P. L. Geissler, *Science*, 2003, **301**, 1698.

[24] J. R. Schmidt, S. T. Roberts, J. J. Loparo, A. Tokmakoff, M. D. Fayer und J. L. Skinner, *Chem. Phys.*, 2007, **341**, 143.

[25] C. P. Lawrence und J. L. Skinner, *J. Chem. Phys.*, 2003, **119**, 1623.

[26] C. P. Lawrence und J. L. Skinner, *J. Chem. Phys.*, 2003, **119**, 3840.

[27] R. Rey und J. T. Hynes, *J. Chem. Phys.*, 1996, **104**, 2356.

[28] R. Rey, K. B. Møller und J. T. Hynes, *Chem. Rev.*, 2004, **104**(1915), 1915.

[29] R. Laenen und C. Rauscher, *J. Chem. Phys.*, 1997, **107**(23), 9759.

[30] A. Staib und J. T. Hynes, *Chem. Phys. Lett.*, 1993, **204**, 197.

[31] T. C. Jansen, T. Hayashi, W. Zhuang und S. Mukamel, *J. Chem. Phys.*, 2005, **123**, 114504.

[32] G. Geiseler und H. Seidel, *Die Wasserstoffbrückenbindung*, Akademie-Verlag, Berlin, 1977.

[33] D. Schwarzer, J. Lindner und P. Vöhringer, *J. Phys. Chem. A*, 2006, **110**, 2858.

[34] N. Yoshii, H. Yoshie, S. Miura und S. Okazaki, *J. Chem. Phys.*, 1998, **109**, 4873.

[35] N. Yoshii, S. Miura und S. Okazaki, *Chem. Phys. Lett.*, 2001, **345**, 195.

[36] L. Pauling, *The nature of the chemical bond*, Cornell University Press, Ithaca, 1939.

[37] T. S. Moore und T. F. Winmill, *J. Chem. Soc., Trans.*, 1912, **101**, 1635.

[38] W. M. Latimer und W. H. Rodebush, *JACS*, 1920, **42**, 1419.

[39] M. L. Huggins, *Phys. Rev.*, 1921, **18**, 333.

[40] M. L. Huggins, *Phys. Rev.*, 1922, **19**, 346.

[41] J. D. Bernal und R. H. Fowler, *J. Chem. Phys.*, 1933, **1**, 515.

[42] W. T. Astbury und H. J. Woods, *Phil. Trans. Roy. Soc.*, 1933, **232**, 333.

[43] L. Pauling, *J. Am. Chem. Soc.*, 1935, **57**, 2680.

[44] D. Hadzi (Hg.), *Theoretical Treatments of Hydrogen Bonding*, Wiley, 1997.

[45] G. R. Desiraju und T. Steiner, *The Weak Hydrogen Bond in Structural Chemistry and Biology*, Oxford University Press, 1999.

[46] L. Pauling und R. B. Corey, *Proc. Natl. Acad. Sci. USA*, 1951, **37**, 205.

[47] J. D. Watson und F. H. C. Crick, *Nature (London)*, 1953, **171**, 737.

[48] E. Arunan und S. Scheiner, *Chem. Int.*, Mar-Apr 2007, **29**, 16.

[49] E. Libowitzky, *Monatshefte für Chemie*, 1999, **130**, 1047.

[50] W. Mikenda, K. Mereiter und A. Preisinger, *Inorganica Chimica Acta*, 1989, **161**, 21.

[51] G. R. Desiraju, *Acc. Chem. Res.*, 2002, **35**, 565.

[52] P. Atkins und R. Friedmann, *Moleclar Quantum Mechanics*, 4. Aufl., Oxford University Press, New York, 2005.

[53] I. N. Levine, *Quantum Chemistry*, 4. Aufl., Prentice Hall, London, 1991.

[54] G. Wedler, *Lehrbuch der Physikalischen Chemie*, 5. Aufl., Wiley-VCH, Weinheim, 2004.

[55] P. M. Morse, *Phys. Rev.*, 1929, **34**, 57.

[56] R. Schröder und E. R. Lippincott, *J. Phys. Chem.*, 1957, **61**, 921.

[57] E. R. Lippincott und R. Schröder, *J. Chem. Phys.*, 1955, **23**, 1099.

[58] H.-K. Nienhuys, *Femtosecond mid-infrared spectroscopy of water*, Doktorarbeit, University of Technology und FOM Institute for Atomic and Molecular Physics, Eindhoven und Amsterdam, 2002.

[59] K. Giese, M. Petkovic, H. Naundorf und O. Kühn, *Physics Reports*, 2006, **430**, 211.

[60] C. Gerthsen, H. O. Kneser und H. Vogel, *Physik*, 13. Aufl., Springer-Verlag, Heidelberg, 1977.

[61] I. N. Bronstein, K. A. Semendjajew, G. Musiol und H. Mühlig, *Taschenbuch der Mathematik*, 5. Aufl., Harri Deutsch, Frankfurt am Main, 2000.

[62] A. Kandratsenka, D. Schwarzer und P. Vöhringer, *J. Chem. Phys.*, 2008, **128**, 244510.

[63] S. Ashihara, N. Huse, A. Espagne, E. T. J. Nibbering und T. Elsaesser, *J. Phys. Chem. A*, 2007, **111**, 743.

[64] T. Schäfer, *Untersuchung der Schwingungsenergierelaxation und Rotationsdynamik von assoziierten Flüssigkeiten über weite Dichte- und Temperaturbereiche*, Doktorarbeit, Georg-August-Universität, Göttingen, 2009.

[65] F. C. D. Schryver, S. D. Feyter und G. Schweitzer (Hg.), *Femtochemistry*, Wiley-VCH, 2001.

[66] M. Dekker, *Ultrafast Infrared and Raman Spectroscopy*, New York, 2001.

[67] L. P. DeFlores, R. A. Nicodemus und A. Tokmakoff, *Opt. Lett.*, 2007, **32**(20), 2966.

[68] P. Hamm, M. Lim und R. M. Hochstrasser, *J. Phys. Chem. B*, 1998, **102**, 6123.

[69] V. Cervetto, J. Helbing, J. Bredenbeck und P. Hamm, *J. Chem. Phys*, 2004, **212**, 5953.

[70] O. Golonzka, M. Khalil, N. Demirdöven und A. Tokmakoff, *Phys. Rev. Lett.*, 2001, **86**, 2154.

[71] A. T. Krummel, P. Mukherjee und M. T. Zanni, *J. Phys. Chem. B*, 2003, **107**, 9165.

[72] S. Park, K. Kwak und M. D. Fayer, *Laser Phys. Lett.*, 2007, **4**, 704.

[73] J. Zheng, K. Kwac, J. Asbury, X. Chen, I. Piletic und M. D. Fayer, *Sience*, 2005, **309**, 1338.

[74] J. Bredenbeck, *Nachrichten aus der Chemie*, Februar 2006, **54**, 104.

[75] K. Lazonder, M. S. Pshenichnikov und D. A. Wiersma, *Opt. Lett.*, 2006, **31**, 3354.

[76] P. Vöhringer, private Mitteilungen, 2008.

[77] A. R. Leach, *Molecular Modelling – Principles and Applications*, Addison Wesley Longman Limited, 1996.

[78] D. A. Case, T. E. Cheatham, T. Darden, H. Gohlke, R. Luo, K. M. Merz, A. Onufriev, C. Simmerling, B. Wang und R. Woods, *J. Comuputat. Chem.*, 2005, **26**, 1668.

[79] T. A. Halgren, *J. Comput. Chem.*, 1996, **17**, 490.

[80] B. R. Brooks, R. E. Bruccoleri, B. D. Olafson, D. J. States, S. Swaminathan und M. Karplus, *J. Comput. Chem.*, 1983, **4**, 187.

[81] *HyperChem Handbook – Computational Chemistry*, Hypercube Inc., 2002.

[82] J. P. Perdew und W. Yue, *Phys. Rev. B*, 1986, **33**, 8800.

[83] A. D. Becke, *Phys. Rev. A: At., Mol., Opt. Phys.*, 1988, **38**, 3098.

[84] K. Eichkorn, F. Weigend, O. Treutler und R. Ahlrichs, *Theor. Chem. Acc.*, 1997, **97**, 119.

[85] F. Schwabl, *Statistische Mechanik*, Springer-Verlag, Berlin Heidelberg, 2000.

[86] L. Verlet, *Phys. Rev.*, 1967, **159**, 98.

[87] J. Lindner, D. Cringus, M. S. Pshenichnikov und P. Vöhringer, *Chem. Phys.*, 2007, **341**, 326.

[88] S. Knop, *Schwingungsrelaxation im wasserstoffverbrückten System Ethanolamin-d2 in Ethanolamin-d3*, Diplomarbeit, Universität Bonn, Januar 2009.

[89] C. Rauscher und R. Laenen, *J. Appl. Phys.*, 1997, **81**(6), 2818.

[90] P. Hamm, R. A. Kaindl und J. Stenger, *Opt. Lett.*, 2000, **25**(24), 1798.

[91] R. A. Kaindel, M. Wurm, K. Reimann, P. Hamm, A. M. Weiner und M. Woerner, *J. Opt. Soc. Am. B*, 2000, **17**(12), 2086.

[92] S.-H. Shim, D. B. Strasfeld, Y. L. Ling und M. T. Zanni, *Proc. Natl. Acad. Sci. U.S.A.*, 2007, **104**, 14197.

[93] I. Paterson und J. P. Scott, *J. Chem. Soc., Perkin Trans. 1*, 1999, 1003.

[94] I. Paterson und J. P. Scott, *Tetrahedron Lett.*, 1997, **38**, 7445.

[95] C. Gennari, S. Ceccarelli, U. Piarulli, K. Aboutayab, M. Donghi und I. Paterson, *Tetrahedron*, 1998, **54**, 14999.

[96] A. J. Lock, J. J. Gilijamse, S. Woutersen und H. J. Bakker, *J. Chem. Phys.*, 2004, **120**(5), 2351.

[97] R. Laenen und C. Rauscher, *J. Chem. Phys*, 1997, **106**(22), 8974.

[98] J. B. Asbury, T. Steinel und M. D. Fayer, *J. Phys. Chem. B*, 2004, **108**(21), 6544.

[99] R. Laenen, C. Rauscher und A. Laubereau, *J. Phys. Chem. A*, 1997, **101**(18), 3201.

[100] S. Woutersen, U. Emmerichs und H. J. Bakker, *J. Chem. Phys.*, 1997, **107**(5), 1483.

[101] R. Laenen, C. Rauscher und K. Simeonidis, *J. Chem. Phys.*, 1999, **110**(12), 5814.

[102] K. J. Gaffney, I. R. Piletic und M. D. Fayer, *J. Phys. Chem. A*, 2002, **106**(41), 12012.

[103] R. Laenen, G. M. Gale und N. Lascoux, *J. Phys. Chem. A*, 1999, **103**(50), 10708.

[104] K. J. Gaffney, P. H. Davis, I. R. Piletic, N. E. Levinger und M. D. Fayer, *J. Phys. Chem. A*, 2002, **106**(50), 12012.

[105] N. E. Levinger, P. H. Davis und M. D. Fayer, *J. Chem. Phys.*, 2001, **115**(20), 9352.

[106] H. Graener, T. Q. Ye und A. Laubereau, *J. Chem. Phys.*, 1989, **90**(7), 3413.

[107] E. J. Heilweil, M. P. Casassa, R. R. Cavanagh und J. C. Stephenson, *J. Chem. Phys.*, 1986, **85**(9), 5004.

[108] H. Graener, T. Q. Ye und A. Laubereau, *J. Chem. Phys.*, 1989, **91**(2), 1043.

[109] H. Graener und T. Q. Ye, *J. Phys. Chem.*, 1989, **93**(16), 5963.

[110] M. Bonn, H. J. Bakker, A. W. Kleyn und R. A. van Santen, *J. Phys. Chem.*, 1996, **100**(38), 15301.

[111] R. Laenen und C. Rauscher, *Chem. Phys. Lett.*, 1997, **274**, 63.

[112] F. Neese und G. Olbrich, *Chem. Phys. Lett.*, 2002, **362**, 170.

[113] K. Eichkorn, O. Treutler, H. Ohm, M. Haser und R. Ahlrichs, *Chem. Phys. Lett.*, 1995, **240**, 283.

[114] F. Neese, *J. Am. Chem. Soc.*, 2006, **128**, 10213.

[115] F. Neese, *ORCA-an ab initio DFT and semiempirical SCF-MO package*, Version 2.6.00, Universität Bonn, 2007.

[116] J. Neugebauer und B. A. Hess, *J. Chem. Phys.*, 2003, **118**(16), 7215.

[117] M. P. Allen und D. J. Tildesley, *Computer Simulation of Liquids*, Clarendon, Oxford, 1987.

[118] W. D. Cornell, P. Cieplak, C. I. Bayly, I. R. Gould, K. M. Merz, D. M. Ferguson, D. C. Spellmeyer, T. Fox, J. W. Caldwell und P. A. Kollman, *J. Am. Chem. Soc.*, 1995, **117**, 5179.

[119] A. Nishi, Y. Kamei und Y. Oishi, *Bull. Chem. Soc. Jpn.*, 1971, **44**, 2855.

[120] E. D. Isaacs, A. Shukla, P. M. Paltzmann, D. R. Hamann, B. Barbiellini und C. A. Tulk, *J. Phys. Chem. Solids*, 2000, **61**, 403.

[121] J. Lindner, D. Cringus, M. S. Pshenichnikov und P. Vöhringer, *Chem. Phys.*, 2007, **341**, 326.

[122] R. Laenen, C. Rauscher und A. Laubereau, *Chem. Phys. Lett.*, 1998, **283**, 7.

[123] R. Laenen und C. Rauscher, *J. Mol. Struc.*, 1998, **448**, 115.

[124] J. W. Steed und J. L. Atwood, *Supramolecular Chemistry*, 2. Aufl., Wiley-VCH, West Sussex, England, 2002.

[125] C. J. Pedersen, *J. Am. Chem. Soc.*, 1967, **89**, 7017.

[126] C. J. Pedersen, *Science*, 1988, **241**, 536.

[127] M. H. Hyun, S. C. Han, H. J. Choi, B. S. Kang und H. J. Ha, *J. Chromatogr. A*, 2007, (169), 1138.

[128] B. J. Dietrich, *J. Chem. Educ.*, 1985, **62**, 954.

[129] R. M. Izatt, J. S. Bradshaw, S. A. Nielsen, J. D. Lamb, J. J. Christensen und S. Sen, *Chem. Rev.*, 1985, **85**, 271.

[130] Y. Inoue und T. Hakushi, *J. Chem. Soc., Perkin Trans.*, 1985, 935.

[131] E. Weber und F. Vögtle, *Top. Curr. Chem.*, 1981, **98**, 1.

[132] H. M. Colquhoun, J. F. Stoddart und D. J. Williams, *J. Angew. Chem., Int. Ed. Engl.*, 1986, **25**, 487.

[133] D. J. Cram und K. N. Trueblood, *Top. Curr. Chem.*, 1981, **98**, 43.

[134] D. J. Cram, *Angew. Chem.*, 1986, **98**, 1041.

[135] R. Kusaka, Y. Inokuchi und T. Ebata, *Phys. Chem. Chem. Phys.*, 2007, **9**, 4452.

[136] R. Kusaka, Y. Inokuchi und T. Ebata, *Phys. Chem. Chem. Phys.*, 2008, **10**, 6238.

[137] S. Al-Rusaese, A. Al-Kahtani und A. A. El-Azhary, *J. Phys. Chem. A*, 2006, **110**, 8676.

[138] C. Endicott und H. L. Strauss, *J. Phys. Chem. A*, 2007, **111**, 1236.

[139] I. M. Kolthoff und M. K. Chantooni, *Can. J. Chem.-Rev. Can. Chim.*, 1992, **70**, 177.

[140] K. Kumondai, M. Toyoda, M. Ishihara, I. Katakuse, T. Takewuchi, M. Ikeda und K. Iwamoto, *J. Chem. Phys.*, 2005, **123**, 024314.

[141] Y. J. Wu, H. Y. An, J. C. Tao, J. s. Bradshaw und R. M. Izatt, *J. Inclusion Phenom. Mol. Recognit. Chem.*, 1990, **9**, 267.

[142] V. Zhelyaskov, G. Georgiev, Z. Nickolov und M. Miteva, *M. Spectrochim. Acta Part a-Mol. Biomol. Spectrosc.*, 1989, (45), 625.

[143] A. Pullman, C. Giessner-Prettre und Y. V. Kruglyak, *Chem. Phys. Lett.*, 1975, **35**, 156.

[144] T. Yamabe, K. Hori, K. Akagi und K. Fukui, *Tetrahedron*, 1979, **35**, 1065.

[145] B. Rode und S. V. Hannongbua, *Inorg. Chim. Acta*, 1985, **96**, 91.

[146] K. Schwetlick, *Organikum*, 23. Aufl., WILEY-VCH, 2009.

[147] C. M. Starks, *J. Am. Chem. Soc.*, 1971, **93**(1), 195.

[148] A. W. Herriott und D. Picker, *J. Am. Chem. Soc.*, 1975, **97**(9), 2345.

[149] J. O. Metzger, *Angew. Chem. Int. Ed.*, 1998, **37**(21), 2975.

[150] M. Makosza, *Pure Appl. Chem.*, 2000, **72**(7), 1399.

[151] F. de Jong und D. N. Reinhoudt, *Stability and Reactivity of Crown Ether Complexes*, Academic Press: New York, 1981.

[152] B. A. Moyer, *Molecular Recognition: Receptors for Cationic Guests*, Pergamon Press: New York, 1996.

[153] A. M. Stuart und J. A. Vidal, *J. Org. Chem.*, 2007, **72**, 3735.

[154] J. van Eerden, S. Harkema und D. Feil, *J. Phys. Chem.*, 1988, **92**, 5076.

[155] M. A. Belkin und A. V. Yarkov, *Spectrochim. acta Part a-Mol. Biomol. Spectrosc.*, 1996, **52**, 1475.

[156] B. I. ElEswed, M. B. Zughul und G. A. W. Derwish, *J. Inclusion Phenom. Mol. Recognit. Chem.*, 1997, **28**, 245.

[157] B. I. ElEswed, M. B. Zughul und G. A. W. Derwish, *Spectrosc. Lett.*, 1997, **30**, 527.

[158] K. Fukushima, *Bull. Chem. Soc. Jpn.*, 1990, **63**, 2104.

[159] R. D. Rogers, L. K. Kurihara und P. D. Richards, *J. Chem. Soc., Chem. Commun.*, 1987, 604.

[160] R. D. Rogers und P. D. Richards, *J. Inclusion Phenom.*, 1987, **5**, 631.

[161] E. H. Nordlander und J. H. Burns, *Inorg. Chim. Acta*, 1986, **115**, 31.

[162] F. de Jong, D. N. Rheinhoudt und C. J. Smith, *Tetrahedron Lett.*, 1976, 1371.

## Literaturverzeichnis

[163] K. Fukushima, M. Iro, K. Sakurada und S. Shiraishi, *Chem. Lett.*, 1988, 323.

[164] H. Matsuura, K. Fukuhara, K. Ikeda und M. Tachikake, *J. Chem. Soc., Chem. Commun.*, 1989, 1814.

[165] K. Fukuhara und M. Tachikake, *J. Phys. Chem.*, 1995, **99**, 8617.

[166] K. J. Patil und R. B. Pawar, *J. Phys. Chem. B*, 1999, **103**, 2256.

[167] K. J. Patil und R. B. Pawar, *Spectrochim. Acta*, 2003, **59**, 1289.

[168] G. Ranghino, S. Romano, J. M. Lehn und G. Wipff, *J. Am. Chem. Soc.*, 1985, **107**, 7873.

[169] R. W. Hoffmann, F. Hettche und K. Harms, *Chem. Commun.*, 2002, 782.

[170] V. A. Shubert, C. W. Müller und T. S. Zwier, *J. Phys. Chem. A*, 2009, **113**(28), 8067.

[171] D. Voet und J. B. Voet, *Biochemistry*, 3. Aufl., John Wiley & Sons Inc., London, 2004.

[172] A. Schellenberger (Hg.), *Enzymkatalyse. Einführung in die Chemie, Biochemie und Technologie der Enzyme*, Gustav Fischer Verlag, Jena, 1989.

[173] H. Matsuura, K. Fukuhara, K. Ikeda und M. Tachikake, *J. Chem. Soc., Chem. Commun.*, 1989, 1814.

[174] D. Mootz, A. Albert, S. Schaefgen und D. Stäben, *J. Am. Chem. Soc.*, 1994, **116**, 12045.

[175] A. Albert und D. Mootz, *Z. Naturforsch., B*, 1997, **52**, 615.

[176] T. Kowall und A. Geiger, *J. Phys. Chem.*, 1994, **98**(24), 6216.

[177] M. Bühl, R. Ludwig, R. Schurhammer und G. Wipff, *J. Phys. Chem. A.*, 2004, **108**(51), 11463.

[178] Y. Sun und P. A. Kollmann, *J. Chem. Phys.*, 1992, **97**, 5108.

[179] C. I. Ratcliffe, J. A. Ripmeester, G. W. Buchanan und J. K. Denike, *J. Am. Chem. Soc.*, 1992, **114**, 3294.

[180] M. Dobler, *Ionophores and Their Structures*, Wiley-Interscience, New York, 1981.

[181] J. Dale, *J. Isr. J. Chem.*, 1980, **20**, 3.

[182] T. Fyles und R. Gandour, *J. Inclusion Phenom. Mol. Recognit. Chem.*, 1992, **12**, 313.

[183] L. Troxler und G. Wipff, *J. Am. Chem. Soc.*, 1994, **116**, 1468.

[184] Y. L. Ha und A. K. Chakraborty, *J. Phys. Chem.*, 1994, **98**, 11193.

[185] M. Billeter, A. E. Howard, I. D. Kuntz und P. A. Kollman, *J. Am. Chem. Soc.*, 1988, **110**, 8385.

[186] S. A. Bryan, R. R. Willis und B. A. Moyer, *J. Phys. Chem.*, 1990, **94**(30), 5230.

[187] R. Schurhammer, P. Vayssière und G. Wipff, *J. Phys. Chem. A.*, 2003, **107**(50), 11128.

[188] S. Woutersen, Y. Mu, G. Stock und P. Hamm, *Chem. Phys.*, 2001, **266**, 137.

[189] D. E. Rosenfeld, K. K. an Z. Gengeliczki und M. D. Fayer, *J. Phys. Chem. B*, 2010, **114**, 2383.

[190] K. Kwac und M. Cho, *J. Chem. Phys.*, 2003, **119**, 2256.

[191] Y. S. Kim und R. M. Hochstrasser, *J. Phys. Chem. B*, 2007, **111**, 9697.

[192] M. Khalil, N. Demirdöven und A. Tokmakoff, *J. Phys. Chem. A*, 2003, **107**, 5258.

[193] Y. S. Kim und R. M. Hochstrasser, *J. Phys. Chem. B*, 2009, **113**, 8231.

[194] J. Zheng und M. D. Fayer, *J. Phys. Chem. B*, 2008, **112**, 10221.

[195] Y. S. Kim und R. M. Hochstrasser, *Proc. Natl. Acad. Sci. U.S.A.*, 2005, **102**, 11185.

[196] D. N. Glew und N. S. Rath, *Can. J. Chem.*, 1971, **49**, 837.

[197] P. Vöhringer, persönliche Mitteilung, 2010.

[198] M. Born und R. Oppenheimer, *Ann. Phys.*, 1927, **20**, 457.

Literaturverzeichnis

[199] S. Mukamel, *Principles of Nonlinear Optical Spectroscopy*, University Press, Oxford, 1995.

[200] M. Cho, *Two Dimensional Optical Spectroscopy*, CRC Press, New York, 2009.

[201] K. Weingarten, *Ein- und zweidimensionale Hadamard Kernresonanz Spektroskopie*, Doktorarbeit, Rheinisch-Westfälischen Hochschule Aachen, 2001.

[202] J. Bredenbeck, *Transient 2D-IR Spectroscopy – Towards Ultrafast Structural Dynamics of Peptides and Proteins*, Doktorarbeit, Universität Zürich, 2005.

[203] P. Hamm, M. Lim, W. F. DeGrado und R. M. Hochstrasser, *J. Chem. Phys.*, 2000, **112**, 1907.

[204] M. Cho, *J. Chem. Phys.*, 2001, **115**, 4424.

[205] K. Kwac, J. Zheng, H. Cang und M. C. Fayer, *J. Phys. Chem. B*, 2006, **110**, 19998.

[206] B. Strodel, *Quantenmechanische Modellierung der Dynamik und Femtosekunden-Spektroskopie von Photoisomerisierungen in kondensierter Phase*, Doktorarbeit, Goethe-Universität, Frankfurt am Main, 2005.

[207] D. Schwarzer, J. Lindner und P. Vöhringer, *J. Chem. Phys.*, 2005, **123**, 16105.

[208] T. Schäfer, D. Schwarzer, J. Lindner und P. Vöhringer, *J. Chem. Phys.*, 2008, **128**, 064502.

# Zusammenfassung

Die Dynamik intramolekularer Wasserstoffbrückenbindungen (H-Brückenbindungen) wird in dieser Arbeit anhand stereoselektiv synthetisierter Polyole in unpolaren Lösungsmitteln mit zwei, vier und sechs Hydroxylgruppen untersucht. In Abbildung 5.2 ist ihre Struktur schematisch dargestellt. Abhängig von der Konformation der Polyole handelt es sich um zwei verschiedene Modellsysteme, deren Charakterisierung durch dichtefunktionaltheoretische Rechnungen (DFT) und molekulardynamische Langevin-Simulationen (MD) erfolgt. Polyole deren Hydroxylgruppen in all-syn-Stellung entlang des Kohlenstoff-Grundgerüsts angeordnet sind, weisen ein ausgedehntes H-Brückennetzwerk auf. Dieses ist

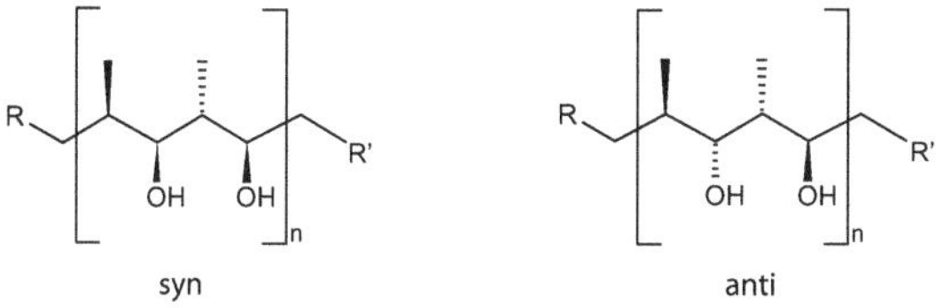

Abbildung 5.2.: syn- und anti-Konformation der Polyole

selbst bei Raumtemperatur über mehrere Pikosekunden stabil, vergleichbar mit der Situation in Eis oder in Alkoholoigomeren in unpolaren Lösungsmitteln.[100] Hingegen besitzen Polyole mit Hydroxylgruppen in all-anti-Stellung schwache H-Brückenbindungen, die wie in flüssigem Wasser bei Raumtemperatur auf einer Zeitskala von wenigen Femtosekunden gebrochen und neu geknüpft werden.[33,207,208]

Experimentelle Untersuchungen mithilfe der Femtosekunden-Pump-Probe-Spektroskopie identifizieren zwei verschiedene Mechanismen der Schwingungsrelaxation nach Anregung der Polyole mit einem infraroten Laserpuls (IR-Laserpuls) in Abhängigkeit von der

Hydroxylgruppen-Konformation. Das H-Brückennetzwerk der syn-Polyole wird innerhalb von 0.7 bis 1.2 ps geschwächt und die Anregungsenergie gleichmäßig über das Molekül verteilt. Dieser Prozess verkürzt sich mit wachsender Anzahl an Hydroxylgruppen im Molekül. Es schließt sich eine Abgabe der Anregungsenergie auf das Lösungsmittel an, die gleichzeitig eine Wiederherstellung des H-Brückennetzwerks in seinen ursprünglichen Zustand vor der Anregung beinhaltet. Diese Energieübertragung wird ebenfalls durch eine größere Anzahl an Hydroxylen im syn-Polyol verkürzt und findet innerhalb von 12 bis 20 ps statt.

Die räumliche Lage der Hydroxyle entlang des Kohlenwasserstoff-Grundgerüsts determiniert den Relaxationsprozess der anti-Polyole. Nach Anregung schwach H-verbrückter Hydroxyle wird die überschüssige Energie innerhalb von 1.3 ps intramolekular umverteilt und in weiteren 9 ps auf das Lösungsmittel abgegeben. Hingegen findet sich nur eine Lebensdauer von 9 ps für die intramolekulare Energieumverteilung nach Anregung unverbrückter Hydroxylgruppen.

Intermolekulare H-Brückenbindungen werden hier anhand des Modellsystems 18-Krone-6-Monohydrat in flüssigem Tetrachlorkohlenstoff ($CCl_4$) untersucht. Für den in Abbildung 5.3 dargestellten Wirt-Gast-Komplex wurden bisher zwei verschiedene Bindungsmotive postuliert, die bei Raumtemperatur nebeneinander vorliegen.[186] Im Bidentat verbrückt ein

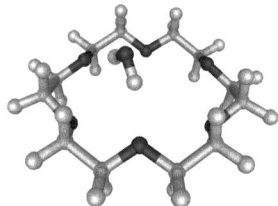

Abbildung 5.3.: Struktur des 18-Krone-6-Monohydrats

Wassermolekül zwei Ethersauerstoffe des 18-Krone-6 über eine zweifache Koordination. Hingegen ist im Monodentat ein Wassermolekül nur an einen Ethersauerstoff koordiniert. Der Kronenether soll in beiden Bindungsmotiven die $D_{3d}$-Konformation besitzen.[177]

Anhand von temperaturabhängigen Absorptionsmessungen, zeitaufgelöster 2D-IR-Spektroskopie und DFT-Rechnungen werden in dieser Arbeit mehrere Konformationen des 18-Krone-6 in Anwesenheit von Wasser identifiziert. Diese liegen bei Raumtemperatur untereinander und mit dem Monodentat im Gleichgewicht vor. Hierfür werden sowohl die Geschwindigkeitskonstanten der Hin- und Rückreaktion als auch die Gleichgewichtskonstante und thermodynamische Größen bestimmt. Somit bietet diese Arbeit erstmalig eine umfassende Interpretation von experimentellen und quantenmechanischen Ergebnissen bezüglich der molekularen Wasserstoffbrückendynamik eines Wirt-Gast-Komplexes.

# Danksagung

Mein Dank für die hilfreiche Unterstützung bei der Erstellung dieser Arbeit geht vor allem an meinen Doktorvater Prof. Dr. P. Vöhringer. Ebenso möchte ich meinem Ansprechpartner Dr. J. Lindner und den Mitarbeitern der feinmechanischen und der elektronischen Werkstatt danken. Die Unterstützung von Prof. Dr. D. Schwarzer vom MPI für biophysikalische Chemie hat sehr zum Gelingen dieser Arbeit beigetragen. Außerdem danke ich meinen Korrekturlesern Dorothee Ehmer, Björn Hansmann, Stephan Knop und Janus Urbanek.

Neben dem Ausmerzen von Rechtschreib- und Abbildungsfehlern haben meine wundervollen Eltern Ilse und Jens Seehusen sehr zum Glücklich sein während dieser Zeit beigetragen. Auch möchte ich mich bei meinen lieben Freunden Henrike Hollatz, Sebastian Stalke, Martin Sippel, Inga Brandes, Anna Uritzki, Höbke Schröder, Susan Seehusen, Pascal Müller, Christian Sefrin, meiner Mitbewohnerin Jacline Stahl und bei Nickolay Kolev bedanken, die mich nicht nur tatkräftig unterstützt haben, sondern mich stets aufbauten und für erforderliche Abwechslung sorgten.

Mein ganz besonderer Dank gilt meiner geliebten Schwester Verena Seehusen, mit der das Leben zu teilen das größte Geschenk ist.

Die VDM Verlagsservicegesellschaft sucht für wissenschaftliche Verlage abgeschlossene und herausragende

## Dissertationen, Habilitationen, Diplomarbeiten, Master Theses, Magisterarbeiten usw.

für die kostenlose Publikation als Fachbuch.

Sie verfügen über eine Arbeit, die hohen inhaltlichen und formalen Ansprüchen genügt, und haben Interesse an einer honorarvergüteten Publikation?

Dann senden Sie bitte erste Informationen über sich und Ihre Arbeit per Email an *info@vdm-vsg.de*.

### Sie erhalten kurzfristig unser Feedback!

VDM Verlagsservicegesellschaft mbH
Dudweiler Landstr. 99          Telefon  +49 681 3720 174
D - 66123 Saarbrücken          Fax      +49 681 3720 1749
**www.vdm-vsg.de**

Die VDM Verlagsservicegesellschaft mbH vertritt

Printed by Books on Demand GmbH, Norderstedt / Germany